“十三五”国家重点出版物出版规划项目
名校名家基础学科系列

大学数学教程（中少学时）
三分册　线性代数

程晓亮　袁　鹤　牟　欣　李浏兰　张　平　王　岚　编

机械工业出版社

线性代数是高等学校理工类与经济类专业的一门重要基础课，但在一些专业的培养方案中线性代数这门课程的学时仍旧较少，本书主要是根据这些专业的学时要求而编写的.

本书以线性方程组为主线，包括了矩阵及其运算、行列式、线性方程组、向量空间、特征向量及二次型等内容. 第 1 章由方程组引出矩阵的定义，并简单地介绍了矩阵运算、逆矩阵及矩阵的分块. 第 2 章由方程组给出二阶行列式的定义，并将其推广到 n 阶，同时利用行列式介绍了一类方程组的解法及逆矩阵的求法. 第 3 章详细地介绍了线性方程组及其解法，同时介绍了初等变换及阶梯形矩阵，并给出了另一种求逆矩阵的方法. 第 4 章利用线性方程组的解的情况研究了向量及向量空间. 第 5 章利用矩阵研究了特征向量与二次型. 第 4 章和第 5 章有较强的理科色彩.

本书适合高校理工类以及经济管理类各专业学生作为教材使用，也可供自学者和专业人士阅读.

图书在版编目（CIP）数据

大学数学教程：中少学时. 三分册，线性代数 / 程晓亮等编. —北京：机械工业出版社，2021.9（2025.2 重印）

（名校名家基础学科系列）

"十三五"国家重点出版物出版规划项目

ISBN 978-7-111-68280-6

Ⅰ. ①大… Ⅱ. ①程… Ⅲ. ①高等数学-高等学校-教材②线性代数-高等学校-教材 Ⅳ. ①O13

中国版本图书馆 CIP 数据核字（2021）第 090570 号

机械工业出版社（北京市百万庄大街 22 号 邮政编码 100037）

策划编辑：韩效杰 责任编辑：韩效杰

责任校对：王 欣 封面设计：鞠 杨

责任印制：郜 敏

北京富资园科技发展有限公司印刷

2025 年 2 月第 1 版第 2 次印刷

184mm×260mm · 8 印张 · 187 千字

标准书号：ISBN 978-7-111-68280-6

定价：29.00 元

电话服务 网络服务

客服电话：010-88361066 机 工 官 网：www.cmpbook.com

010-88379833 机 工 官 博：weibo.com/cmp1952

010-68326294 金 书 网：www.golden-book.com

 机工教育服务网：www.cmpedu.com

前　言

线性代数的历史比较悠久，但直到 20 世纪才被当作一个独立的分支．“鸡兔同笼”问题实际上就是一种线性方程组求解的问题．中国古代的数学著作《九章算术 · 方程》中对线性方程组的解法做了比较完整的叙述．目前，线性代数在自然科学、工程技术、经济与管理等众多方面有着各种重要应用．同时，它也是高等学校理工类与经济管理类专业的一门重要基础课．线性代数的知识是学生学习专业课的基础，注重培养学生的思维能力．但在一些专业中线性代数这门课程的学时仍旧较少，本书主要是根据这些专业的学时要求而编写的．本书遵循教师易教学生易学的原则，重点讲授线性代数的基本概念、基本定理以及基本方法等，对于其他问题不做深入的讨论．本书利用问题引出概念，并在每小节配有习题，章末配有总习题，便于学生理解．

本书以线性方程组为主线，包括了矩阵及其运算、行列式、线性方程组、向量空间、特征向量及二次型等内容．第 1 章由方程组引出矩阵的定义，并简单地介绍了矩阵运算、逆矩阵及矩阵的分块．第 2 章由方程组给出二阶行列式的定义，并将其推广到 n 阶，同时利用行列式介绍了一类方程组的解法及逆矩阵的求法．第 3 章详细地介绍了线性方程组及其解法，同时介绍了初等变换及阶梯形矩阵，并给出了另一种求逆矩阵的方法．第 4 章利用线性方程组的解的情况研究了向量及向量空间．第 5 章利用矩阵研究了特征向量与二次型．第 4 章和第 5 章有较强的理科色彩．

本书由程晓亮、袁鹤、牟欣、李浏兰、张平、王岚编写，由于编者水平有限，书中难免有不妥之处，恳请读者批评指正．

目　录

第 1 章 矩阵及其运算

矩阵是线性代数的主要研究对象之一．在物理学中，矩阵于电路学、力学、光学和量子物理中都有应用；计算机科学中，三维动画制作也需要用到矩阵．作为一种基本工具，矩阵在应用数学与工程技术学科，在微分方程、概率统计、运筹学、计算数学、控制论与系统理论等中也有着广泛的应用．

1.1 矩阵

1.1.1 矩阵[⊖]的定义

例 1.1.1 四名学生线性代数成绩如表 1.1.1：

表 1.1.1

姓名 \ 比重	平时成绩	期中成绩	期末成绩	总成绩
	15%	25%	60%	
A	90	90	85	87
B	92	88	90	89.8
C	90	92	88	89.3
D	94	96	95	95.1

抽出表格中的数字，可以得到三个矩形的表格

$$(15\quad 25\quad 60)\quad \begin{pmatrix} 90 & 90 & 85 \\ 92 & 88 & 90 \\ 90 & 92 & 88 \\ 94 & 96 & 95 \end{pmatrix}\quad \begin{pmatrix} 87 \\ 89.8 \\ 89.3 \\ 95.1 \end{pmatrix}.$$

⊖ 矩阵的起源：18 世纪，法国数学家拉格朗日就已经用到矩阵的概念了；“矩阵(matrix)”这个词首先是英国数学家西尔维斯特使用的；英国数学家凯莱被公认为是矩阵理论的创立者，他首先把矩阵作为一个独立的数学概念，并发表了一系列关于矩阵的文章．

例 1.1.2 在方程组 $\begin{cases} x_1+x_2+x_3=6, \\ x_1-2x_2+x_3=3, \\ 2x_1+x_2+3x_3=14, \end{cases}$ 中抽出 x_1，x_2，x_3 前的系数可得到一个矩形的表格

$$\begin{pmatrix} 1 & 1 & 1 \\ 1 & -2 & 1 \\ 2 & 1 & 3 \end{pmatrix}.$$

定义 1.1 由 $m\times n$ 个数 a_{ij} $(i=1,2,\cdots,m;j=1,2,\cdots,n)$ 排成的 m 行 n 列的数表

$$\boldsymbol{A}=\begin{pmatrix} a_{11} & a_{12} & \cdots & a_{1n} \\ a_{21} & a_{22} & \cdots & a_{2n} \\ \vdots & \vdots & & \vdots \\ a_{m1} & a_{m2} & \cdots & a_{mn} \end{pmatrix}$$

称为 m 行 n 列矩阵，简称 $m\times n$ 矩阵．简写为 $\boldsymbol{A}=(a_{ij})_{m\times n}$ 或 $\boldsymbol{A}=(a_{ij})$．这 $m\times n$ 个数叫做矩阵 $\boldsymbol{A}$ 的元素，a_{ij} 叫做矩阵 $\boldsymbol{A}$ 的第 i 行第 j 列元素．

例 1.1.3 写出 3×4 矩阵 $\boldsymbol{A}=(a_{ij})$，其中 $a_{11}=1$，$a_{12}=1$，$a_{13}=1$，$a_{14}=-1$，$a_{21}=1$，$a_{22}=2$，$a_{23}=-4$，$a_{24}=2$，$a_{31}=2$，$a_{32}=5$，$a_{33}=-1$，$a_{34}=5$.

解

$$A=\begin{pmatrix} 1 & 1 & 1 & -1 \\ 1 & 2 & -4 & 2 \\ 2 & 5 & -1 & 5 \end{pmatrix}.$$

1.1.2 特殊的矩阵

元素是实数的矩阵称为实矩阵，元素是复数的矩阵称为复矩阵．下面给出几种特殊的矩阵．

零矩阵 元素全为零的矩阵称为零矩阵．如

$$\begin{pmatrix} 0 & 0 & 0 \\ 0 & 0 & 0 \\ 0 & 0 & 0 \end{pmatrix}, \begin{pmatrix} 0 & 0 & 0 & 0 \\ 0 & 0 & 0 & 0 \end{pmatrix}.$$

行矩阵 只有一行元素的矩阵称为行矩阵．如 $(1\quad 3\quad 2\quad 5)$，(8).

列矩阵 只有一列元素的矩阵称为列矩阵．如

$$\begin{pmatrix}1\\3\\2\\5\end{pmatrix},(8).$$

方阵　行数与列数都等于 n 的矩阵 $\boldsymbol{A}$，称为 n 阶方阵，也可记作 $\boldsymbol{A}_n$. 如

$$\begin{pmatrix}13 & 5 & 16\\11 & 2 & 7\\9 & 10 & 8\end{pmatrix}\text{是一个 3 阶方阵}.$$

元素 a_{11}，a_{22}，…，a_{nn} 所在的直线称为方阵的主对角线.

三角方阵　非零元素只出现在主对角线及其上方的方阵称为上三角方阵；非零元素只出现在主对角线及其下方的方阵称为下三角方阵.

$$\begin{pmatrix}a_{11} & a_{12} & \cdots & a_{1n}\\0 & a_{22} & \cdots & a_{2n}\\\vdots & \vdots & & \vdots\\0 & 0 & \cdots & a_{nn}\end{pmatrix}\text{是上三角方阵；}$$

$$\begin{pmatrix}a_{11} & 0 & \cdots & 0\\a_{21} & a_{22} & \cdots & 0\\\vdots & \vdots & & \vdots\\a_{n1} & a_{n2} & \cdots & a_{nn}\end{pmatrix}\text{是下三角方阵}.$$

对角方阵　非零元素只出现在主对角线上的方阵称为对角方阵. 如

$$\begin{pmatrix}a_{11} & 0 & \cdots & 0\\0 & a_{22} & \cdots & 0\\\vdots & \vdots & & \vdots\\0 & 0 & \cdots & a_{nn}\end{pmatrix}.$$

数量方阵　主对角线上是相同的非空元素，其余元素全为零的方阵称为数量方阵. 如

$$\begin{pmatrix}a & 0 & \cdots & 0\\0 & a & \cdots & 0\\\vdots & \vdots & & \vdots\\0 & 0 & \cdots & a\end{pmatrix}.$$

单位方阵　主对角线上元素全为 1，其余元素全为零的方阵称为单位方阵，记为 $\boldsymbol{E}$. 即

$$\boldsymbol{E}=\begin{pmatrix}1 & 0 & \cdots & 0\\0 & 1 & \cdots & 0\\\vdots & \vdots & & \vdots\\0 & 0 & \cdots & 1\end{pmatrix}.$$

习题 1.1

1. 试写出一个 2×3 矩阵 $\boldsymbol{A}=(a_{ij})_{2\times3}$ 使其满足 $a_{ij}=i+j(i=1,2;j=1,2,3)$.

2. 写出一个 3 阶单位矩阵.

1.2 矩阵的运算

1.2.1 矩阵相等

定义 1.2 设 $\boldsymbol{A}=(a_{ij})$ 是 $m\times n$ 矩阵，设 $\boldsymbol{B}=(b_{ij})$ 是 $r\times s$ 矩阵. 如果 $m=r$，$n=s$，且对于所有的 i，j，$1\leqslant i\leqslant m$，$1\leqslant j\leqslant n$ 有 $a_{ij}=b_{ij}$，则称 $\boldsymbol{A}$ 和 $\boldsymbol{B}$ 是相等的，记为 $\boldsymbol{A}=\boldsymbol{B}$.

若两个矩阵的行数相等，列数也相等，则称它们是同型矩阵.

因此，当两个矩阵是同型矩阵，并且它们所有的对应元素都相等时，这两个矩阵才能相等. 例如，矩阵

$$\begin{pmatrix}0&0&0\\0&0&0\\0&0&0\end{pmatrix}\neq\begin{pmatrix}0&0&0&0\\0&0&0&0\end{pmatrix};\quad (1\quad 3\quad 2\quad 5)\neq\begin{pmatrix}1\\3\\2\\5\end{pmatrix}.$$

1.2.2 矩阵加法和数量乘法

定义 1.3 设 $\boldsymbol{A}=(a_{ij})$ 和 $\boldsymbol{B}=(b_{ij})$ 都是 $m\times n$ 矩阵，则它们的和 $\boldsymbol{A}+\boldsymbol{B}$ 是如下定义的 $m\times n$ 矩阵：

$$(\boldsymbol{A}+\boldsymbol{B})_{ij}=a_{ij}+b_{ij}.$$

注：只有当矩阵 $\boldsymbol{A}$ 和矩阵 $\boldsymbol{B}$ 是同型矩阵时，才存在矩阵的和. 因此如果

$$\boldsymbol{A}=\begin{pmatrix}1&1&2\\1&-3&4\end{pmatrix},\boldsymbol{B}=\begin{pmatrix}-2&2&-3\\0&4&-4\end{pmatrix},\boldsymbol{C}=\begin{pmatrix}1&3\\2&4\end{pmatrix},$$

那么

$$\boldsymbol{A}+\boldsymbol{B}=\begin{pmatrix}-1&3&-1\\1&1&0\end{pmatrix},$$

而 $A+C$ 是没有定义的.

定义 1.4　设 $\boldsymbol{A}=(a_{ij})$ 为 $m\times n$ 矩阵，r 为一个数，则乘积 $r\boldsymbol{A}$ 是如下定义的 $m\times n$ 矩阵：

$$(r\boldsymbol{A})_{ij}=ra_{ij}.$$

例如，

$$2\begin{pmatrix}2&4\\-1&2\\0&3\end{pmatrix}=\begin{pmatrix}4&8\\-2&4\\0&6\end{pmatrix}.$$

例 1.2.1　设矩阵 $\boldsymbol{A}$，$\boldsymbol{B}$，$\boldsymbol{C}$ 定义如下：

$$\boldsymbol{A}=\begin{pmatrix}1&2\\3&4\end{pmatrix},\ \boldsymbol{B}=\begin{pmatrix}6&-2\\-1&3\end{pmatrix},\ \boldsymbol{C}=\begin{pmatrix}4&-5&3\\3&0&2\end{pmatrix}.$$

分别求 $\boldsymbol{A}+\boldsymbol{B}$，$\boldsymbol{A}+\boldsymbol{C}$，$\boldsymbol{B}+\boldsymbol{C}$，$2\boldsymbol{A}$，$\boldsymbol{A}+3\boldsymbol{B}$，或者说明所示的运算是没有定义的．

解　由定义 1.3 和定义 1.4 可得

$$\boldsymbol{A}+\boldsymbol{B}=\begin{pmatrix}7&0\\2&7\end{pmatrix},\ 2\boldsymbol{A}=\begin{pmatrix}2&4\\6&8\end{pmatrix},\ \boldsymbol{A}+3\boldsymbol{B}=\begin{pmatrix}19&-4\\0&13\end{pmatrix},$$

而 $\boldsymbol{A}+\boldsymbol{C}$ 和 $\boldsymbol{B}+\boldsymbol{C}$ 是没有定义的．

1.2.3　矩阵乘法

定义 1.5　设 $\boldsymbol{A}=(a_{ij})$ 为 $m\times n$ 矩阵，$\boldsymbol{B}=(b_{ij})$ 为 $r\times s$ 矩阵．如果 $n=r$，那么乘积 $\boldsymbol{AB}$ 是如下定义的 $m\times s$ 矩阵：

$$(\boldsymbol{AB})_{ij}=\sum_{k=1}^{n}a_{ik}b_{kj}.$$

注：如果 $n\neq r$，那么乘积 $\boldsymbol{AB}$ 没有定义．因此仅当 $\boldsymbol{A}$ 的列数和 $\boldsymbol{B}$ 的行数相等时，$\boldsymbol{AB}$ 才有定义．在这种情况下，$\boldsymbol{AB}$ 是一个 m 行 s 列的矩阵，并且 $\boldsymbol{AB}$ 的第 i 行 j 列元素是 $\boldsymbol{A}$ 的第 i 行元素与 $\boldsymbol{B}$ 的第 j 列对应元素的乘积和．如

$$\begin{pmatrix}1&2&2\\2&3&3\end{pmatrix}\begin{pmatrix}-1&2\\1&-2\\2&1\end{pmatrix}$$

$$=\begin{pmatrix}1\times(-1)+2\times1+2\times2 & 1\times2+2\times(-2)+2\times1\\2\times(-1)+3\times1+3\times2 & 2\times2+3\times(-2)+3\times1\end{pmatrix}=\begin{pmatrix}5&0\\7&1\end{pmatrix}.$$

而乘积

$$\begin{pmatrix}1&2&2\\2&3&3\end{pmatrix}\begin{pmatrix}-1&1&2\\2&-2&1\end{pmatrix}$$

是没有定义的.

例 1.2.2 设矩阵

$$A=\begin{pmatrix}-2&4\\1&-2\end{pmatrix},\ B=\begin{pmatrix}4&8\\-1&-2\end{pmatrix},$$

求 AB 和 BA.

解

$$AB=\begin{pmatrix}-2&4\\1&-2\end{pmatrix}\begin{pmatrix}4&8\\-1&-2\end{pmatrix}=\begin{pmatrix}-12&-24\\6&12\end{pmatrix};$$

$$BA=\begin{pmatrix}4&8\\-1&-2\end{pmatrix}\begin{pmatrix}-2&4\\1&-2\end{pmatrix}=\begin{pmatrix}0&0\\0&0\end{pmatrix}.$$

例 1.2.2 说明矩阵乘法是不满足交换律的，同时矩阵乘法也不满足消去律．因此若矩阵 $A\neq O$，$B\neq O$，但 AB 可以是零矩阵，以及若 $AB=O$ 但可以得到 $A\neq O$，$B\neq O$.

1.2.4 矩阵运算的性质

定理 1.1 矩阵加法满足下列运算规律（设 A，B，C 是 $m\times n$ 矩阵）：

（ⅰ）$A+B=B+A$；

（ⅱ）$(A+B)+C=A+(B+C)$；

（ⅲ）存在 $m\times n$ 零矩阵 O 满足 $A+O=A$；

（ⅳ）存在唯一的 $m\times n$ 矩阵 P，使得 $A+P=O$.

在（ⅳ）中，$P=-A=(-a_{ij})$，$-A$ 称为矩阵 A 的负矩阵．由此，矩阵的减法定义为 $A-B=A+(-B)$.

定理 1.2 数乘矩阵满足下列运算规律（设 A，B 是 $m\times n$ 矩阵，λ，μ 是实数）：

（ⅰ）$(\lambda\mu)A=\lambda(\mu A)$；

（ⅱ）$(\lambda+\mu)A=\lambda A+\mu A$；

（ⅲ）$\lambda(A+B)=\lambda A+\lambda B$.

虽然矩阵乘法不满足交换律，但却满足结合律和分配律.

定理 1.3 矩阵乘法满足下列运算规律（假设 A，B，C 是 $m\times n$ 矩阵，λ 是实数）：

（ⅰ）$(AB)C=A(BC)$；

（ⅱ）$\lambda(AB)=(\lambda A)B=A(\lambda B)$；

（ⅲ）$A(B+C)=AB+AC$；

（ⅳ）$(B+C)A=BA+CA$.

例 1.2.3　验证 $(\boldsymbol{AB})\boldsymbol{C}=\boldsymbol{A}(\boldsymbol{BC})$，其中

$$\boldsymbol{A}=\begin{pmatrix}2 & 3\\3 & -2\end{pmatrix},\ \boldsymbol{B}=\begin{pmatrix}1 & 2 & -3\\-1 & 2 & 2\end{pmatrix},\ \boldsymbol{C}=\begin{pmatrix}2 & 1 & 3\\2 & -2 & 1\\1 & -1 & 2\end{pmatrix}.$$

解　计算乘积 $\boldsymbol{AB}$ 和 $\boldsymbol{BC}$ 得

$$\boldsymbol{AB}=\begin{pmatrix}-1 & 10 & 0\\5 & 2 & -13\end{pmatrix},\ \boldsymbol{BC}=\begin{pmatrix}3 & 0 & -1\\4 & -7 & 3\end{pmatrix}.$$

因此，$(\boldsymbol{AB})\boldsymbol{C}$ 是 2×3 矩阵与 3×3 矩阵的乘积，$\boldsymbol{A}(\boldsymbol{BC})$ 是 2×2 矩阵与 2×3 的矩阵的乘积．计算这些乘积得

$$(\boldsymbol{AB})\boldsymbol{C}=\begin{pmatrix}18 & -21 & 7\\1 & 14 & -9\end{pmatrix},\ \boldsymbol{A}(\boldsymbol{BC})=\begin{pmatrix}18 & -21 & 7\\1 & 14 & -9\end{pmatrix}.$$

1.2.5　方阵的乘幂

若 $\boldsymbol{A}$ 是 n 阶方阵，k 为自然数，则 $\boldsymbol{A}^k=\underbrace{\boldsymbol{AA}\cdots\boldsymbol{A}}_{k个}$ 称为方阵 $\boldsymbol{A}$ 的 k 次幂，规定 $\boldsymbol{A}^0=\boldsymbol{E}$.

由于矩阵的乘法满足结合律，所以方阵的幂有如下性质：

$$\boldsymbol{A}^k\boldsymbol{A}^l=\boldsymbol{A}^{k+l},(\boldsymbol{A}^k)^l=\boldsymbol{A}^{kl},$$

其中 k，l 为自然数．

注：由于矩阵的乘法一般不满足交换律，所以对于两个 n 阶方阵 $\boldsymbol{A}$ 和 $\boldsymbol{B}$，一般地，$(\boldsymbol{AB})^k\neq\boldsymbol{A}^k\boldsymbol{B}^k$. 但若 $\boldsymbol{A}$ 与 $\boldsymbol{B}$ 是可交换的，则 $(\boldsymbol{AB})^k=\boldsymbol{A}^k\boldsymbol{B}^k$.

例 1.2.4　计算 $\begin{pmatrix}0 & a & b\\0 & 0 & c\\0 & 0 & 0\end{pmatrix}^3$.

解

$$\begin{pmatrix}0 & a & b\\0 & 0 & c\\0 & 0 & 0\end{pmatrix}^3=\begin{pmatrix}0 & a & b\\0 & 0 & c\\0 & 0 & 0\end{pmatrix}\begin{pmatrix}0 & a & b\\0 & 0 & c\\0 & 0 & 0\end{pmatrix}\begin{pmatrix}0 & a & b\\0 & 0 & c\\0 & 0 & 0\end{pmatrix}$$

$$=\begin{pmatrix}0 & 0 & ac\\0 & 0 & 0\\0 & 0 & 0\end{pmatrix}\begin{pmatrix}0 & a & b\\0 & 0 & c\\0 & 0 & 0\end{pmatrix}$$

$$=\begin{pmatrix}0 & 0 & 0\\0 & 0 & 0\\0 & 0 & 0\end{pmatrix}.$$

1.2.6　矩阵与线性变换

n 个变量 $x_1,x_2,\cdots,x_n$ 与 m 个变量 $y_1,y_2,\cdots,y_m$ 之间的关系式

$$\begin{cases} y_1 = a_{11}x_1 + a_{12}x_2 + \cdots + a_{1n}x_n, \\ y_2 = a_{21}x_1 + a_{22}x_2 + \cdots + a_{2n}x_n, \\ \qquad \vdots \\ y_m = a_{m1}x_1 + a_{m2}x_2 + \cdots + a_{mn}x_n \end{cases} \tag{1.2.1}$$

表示一个从变量 $x_1, x_2, \cdots, x_n$ 到变量 $y_1, y_2, \cdots, y_m$ 的线性变换，其中 a_{ij} 为常数．令

$$\boldsymbol{x} = \begin{pmatrix} x_1 \\ x_2 \\ \vdots \\ x_n \end{pmatrix}, \boldsymbol{y} = \begin{pmatrix} y_1 \\ y_2 \\ \vdots \\ y_m \end{pmatrix}, \boldsymbol{A} = \begin{pmatrix} a_{11} & a_{12} & \cdots & a_{1n} \\ a_{21} & a_{22} & \cdots & a_{2n} \\ \vdots & \vdots & & \vdots \\ a_{m1} & a_{m2} & \cdots & a_{mn} \end{pmatrix}.$$

根据矩阵的乘法，式（1.2.1）可被表示为 $\boldsymbol{Ax} = \boldsymbol{y}$，并称 $\boldsymbol{A}$ 为式（1.2.1）的系数矩阵．显然线性变换与矩阵之间存在着一一对应关系．

例 1.2.5 把线性变换

$$\begin{cases} x_1 = y_1 + 2y_2, \\ x_2 = -y_1 + 3y_2, \\ x_3 = 3y_1 - 2y_2, \end{cases} \text{和} \begin{cases} y_1 = -2z_1 + z_2, \\ y_2 = 3z_1 - 2z_2 \end{cases}$$

表示成矩阵形式，并且通过矩阵乘法用 z_1 和 z_2 表示 x_1，x_2，x_3．

解

$$\begin{pmatrix} x_1 \\ x_2 \\ x_3 \end{pmatrix} = \begin{pmatrix} 1 & 2 \\ -1 & 3 \\ 3 & -2 \end{pmatrix} \begin{pmatrix} y_1 \\ y_2 \end{pmatrix}, \begin{pmatrix} y_1 \\ y_2 \end{pmatrix} = \begin{pmatrix} -2 & 1 \\ 3 & -2 \end{pmatrix} \begin{pmatrix} z_1 \\ z_2 \end{pmatrix}.$$

由矩阵的乘法有

$$\begin{pmatrix} x_1 \\ x_2 \\ x_3 \end{pmatrix} = \begin{pmatrix} 1 & 2 \\ -1 & 3 \\ 3 & -2 \end{pmatrix} \begin{pmatrix} -2 & 1 \\ 3 & -2 \end{pmatrix} \begin{pmatrix} z_1 \\ z_2 \end{pmatrix} = \begin{pmatrix} 4 & -3 \\ 11 & -7 \\ -12 & 7 \end{pmatrix} \begin{pmatrix} z_1 \\ z_2 \end{pmatrix}.$$

因此，

$$\begin{cases} x_1 = 4z_1 - 3z_2, \\ x_2 = 11z_1 - 7z_2, \\ x_3 = -12z_1 + 7z_2. \end{cases}$$

1.2.7 矩阵的转置

定义 1.6 把矩阵 $\boldsymbol{A}$ 的行换成同序数的列得到的新矩阵，叫做 $\boldsymbol{A}$ 的转置矩阵，记作 $\boldsymbol{A}^{\mathrm{T}}$．

例 1.2.6　求 $A=\begin{pmatrix}2&5&7\\8&6&3\end{pmatrix}$ 的转置矩阵．

解　根据定义 1.6，A^{T}是 3×2 矩阵，即

$$A^{\mathrm{T}}=\begin{pmatrix}2&8\\5&6\\7&3\end{pmatrix}.$$

下面介绍矩阵转置的运算规律．

定理 1.4　如果 A 和 B 是 $m\times n$ 矩阵，C 是 $n\times p$ 矩阵，λ 是实数，则

（ⅰ）$(A^{\mathrm{T}})^{\mathrm{T}}=A$；

（ⅱ）$(\lambda A)^{\mathrm{T}}=\lambda A^{\mathrm{T}}$；

（ⅲ）$(A+B)^{\mathrm{T}}=A^{\mathrm{T}}+B^{\mathrm{T}}$；

（ⅳ）$(AC)^{\mathrm{T}}=C^{\mathrm{T}}A^{\mathrm{T}}$.

证明　这里仅证明（ⅳ）. 首先注意到 $(AC)^{\mathrm{T}}$ 和 $C^{\mathrm{T}}A^{\mathrm{T}}$ 都是 $p\times m$ 矩阵，所以只需证明它们的对应元素相等．根据定义 1.6，$(AC)^{\mathrm{T}}$的第 i 行 j 列元素是 AC 的第 j 行 i 列元素．因此 $(AC)^{\mathrm{T}}$的第 i 行 j 列元素为

$$\sum_{k=1}^{n}a_{jk}c_{ki}.$$

其次 $C^{\mathrm{T}}A^{\mathrm{T}}$的第 i 行 j 列元素是 C^{T}的第 i 行与 A^{T}的第 j 列对应元素的乘积和，其中，C^{T}的第 i 行为 $(c_{1i},c_{2i},\cdots,c_{ni})$（$C$ 的第 i 列的转置)，而A^{T}的第 j 列为

$$\begin{pmatrix}a_{j1}\\a_{j2}\\\vdots\\a_{jn}\end{pmatrix}(A\text{ 的第 }j\text{ 行的转置}).$$

因此，$C^{\mathrm{T}}A^{\mathrm{T}}$的第 i 行 j 列元素为

$$c_{1i}a_{j1}+c_{2i}a_{j2}+\cdots+c_{ni}a_{jn}=\sum_{k=1}^{n}c_{ki}a_{jk}.$$

最后，因为 $\sum\limits_{k=1}^{n}a_{jk}c_{ki}=\sum\limits_{k=1}^{n}c_{ki}a_{jk}$，故 $(AC)^{\mathrm{T}}$与 $C^{\mathrm{T}}A^{\mathrm{T}}$的第 i 行 j 列元素相同，即矩阵相等．

转置运算可以用来定义一些重要类型的矩阵．

定义 1.7　如果矩阵 A 满足 $A=A^{\mathrm{T}}$，则称矩阵 A 是对称矩阵；如果矩阵 A 满足 $A=-A^{\mathrm{T}}$，则称矩阵 A 是反对称矩阵．

如果 $\boldsymbol{A}$ 是 $m\times n$ 矩阵，那么 $\boldsymbol{A}^{\mathrm{T}}$ 是 $n\times m$ 矩阵，所以仅当 $m=n$ 时才有 $\boldsymbol{A}=\boldsymbol{A}^{\mathrm{T}}$. 因此若一个矩阵是对称矩阵，它一定是方阵．另外，定义 1.7 意味着如果 $\boldsymbol{A}=(a_{ij})$ 是 $n\times n$ 的对称矩阵，那么 $a_{ij}=a_{ji}$. 反过来，如果 $\boldsymbol{A}$ 是方阵且对于所有的 i 和 j 都有 $a_{ij}=a_{ji}$，那么 $\boldsymbol{A}$ 是对称矩阵．类似地，如果 $\boldsymbol{A}=(a_{ij})$ 是 $n\times n$ 的反对称矩阵，那么 $a_{ij}=-a_{ji}$. 反过来，如果 $\boldsymbol{A}$ 是方阵且对于所有的 i 和 j 都有 $a_{ij}=-a_{ji}$，那么 $\boldsymbol{A}$ 是反对称矩阵．特别地，反对称矩阵主对角线上的元素全为 0.

例 1.2.7 判断下列矩阵

$$\boldsymbol{A}=\begin{pmatrix}2&4\\4&2\end{pmatrix},\ \boldsymbol{B}=\begin{pmatrix}4&3\\3&2\end{pmatrix},\ \boldsymbol{C}=\begin{pmatrix}1&4\\3&2\\2&0\end{pmatrix},\boldsymbol{D}=\begin{pmatrix}0&2&5&7\\-2&0&4&3\\-5&-4&0&1\\-7&-3&-1&0\end{pmatrix},$$

哪些是对称矩阵，哪些是反对称矩阵．

解 根据定义 1.7,

$$\boldsymbol{A}^{\mathrm{T}}=\begin{pmatrix}2&4\\4&2\end{pmatrix},\boldsymbol{B}^{\mathrm{T}}=\begin{pmatrix}4&3\\3&2\end{pmatrix},\boldsymbol{C}^{\mathrm{T}}=\begin{pmatrix}1&3&2\\4&2&0\end{pmatrix},\boldsymbol{D}^{\mathrm{T}}=\begin{pmatrix}0&-2&-5&-7\\2&0&-4&-3\\5&4&0&-1\\7&3&1&0\end{pmatrix},$$

故矩阵 $\boldsymbol{A}$，$\boldsymbol{B}$ 是对称矩阵，$\boldsymbol{D}$ 是反对称矩阵，$\boldsymbol{C}$ 既不是对称矩阵也不是反对称矩阵．

因此，对称矩阵的特点是它的元素以主对角线为对称轴对应相等，反对称矩阵的特点是它的元素以主对角线为对称轴对应地互为相反数．如

$\boldsymbol{A}=\begin{pmatrix}2&3&-1\\3&4&2\\-1&2&0\end{pmatrix}$ 是对称矩阵，$\boldsymbol{B}=\begin{pmatrix}0&5&-3\\-5&0&4\\-3&-4&0\end{pmatrix}$ 是反对称矩阵，而 $\boldsymbol{C}=\begin{pmatrix}1&2&2\\-1&3&0\\5&2&6\end{pmatrix}$ 既不是对称矩阵也不是反对称矩阵．

习题 1.2

1. 设

$$\boldsymbol{A}=\begin{pmatrix}3&-2&1\\0&1&4\end{pmatrix},\boldsymbol{B}=\begin{pmatrix}4&2&3\\5&-3&0\end{pmatrix},$$

求：(1) $\boldsymbol{A}+\boldsymbol{B}$；(2) $\boldsymbol{A}-\boldsymbol{B}$；(3) $2\boldsymbol{A}+3\boldsymbol{B}$.

2. 求下列未知矩阵 $\boldsymbol{X}$：

$$\begin{pmatrix}2&-1\\1&5\\2&-4\end{pmatrix}+\boldsymbol{X}=\begin{pmatrix}0&2\\0&1\\-3&6\end{pmatrix}.$$

3. 计算下列矩阵的乘积：

(1) $\begin{pmatrix}0 & 1\\1 & 0\end{pmatrix}\begin{pmatrix}1 & 2\\4 & 3\end{pmatrix}$；

(2) $\begin{pmatrix}5 & -1\\-2 & 0\\3 & 2\end{pmatrix}\begin{pmatrix}1 & 2\\-7 & 4\end{pmatrix}$；

(3) $(-1\ \ 3\ \ 2)\begin{pmatrix}3\\0\\4\end{pmatrix}$；

(4) $\begin{pmatrix}2\\1\\3\end{pmatrix}(-1\ \ 2)$.

4. 计算

(1) $\begin{pmatrix}a & 0 & 0\\0 & b & 0\\0 & 0 & c\end{pmatrix}^3$；

(2) $\begin{pmatrix}0 & -1 & 0\\1 & 0 & 1\\0 & 1 & 0\end{pmatrix}^4$.

5. 设 $\boldsymbol{A}=\begin{pmatrix}2 & 1\\3 & 4\end{pmatrix}$，$\boldsymbol{B}=\begin{pmatrix}-2 & -3\\1 & 2\end{pmatrix}$，用两种方法求 $(\boldsymbol{AB})^{\mathrm{T}}$.

6. 选择题：

(1) 设 $\boldsymbol{A}_{m\times n}$，$\boldsymbol{B}_{n\times m}$ $(m\neq n)$ 为矩阵，则下列结果不为 n 阶方阵的是(　　).

(A) $\boldsymbol{BA}$　　(B) $\boldsymbol{AB}$

(C) $(\boldsymbol{BA})^{\mathrm{T}}$　　(D) $\boldsymbol{A}^{\mathrm{T}}\boldsymbol{B}^{\mathrm{T}}$

(2) 下列结论中不正确的是(　　).

(A) 设 $\boldsymbol{A}$ 为 n 阶矩阵，则 $(\boldsymbol{A}-\boldsymbol{E})(\boldsymbol{A}+\boldsymbol{E})=\boldsymbol{A}^2-\boldsymbol{E}$；

(B) 设 $\boldsymbol{A}$，$\boldsymbol{B}$ 均为 $n\times 1$ 矩阵，则 $\boldsymbol{A}^{\mathrm{T}}\boldsymbol{B}=\boldsymbol{B}^{\mathrm{T}}\boldsymbol{A}$；

(C) 设 $\boldsymbol{A}$，$\boldsymbol{B}$ 均为 n 阶矩阵，且 $\boldsymbol{AB}=\boldsymbol{O}$，则 $(\boldsymbol{A}+\boldsymbol{B})^2=\boldsymbol{A}^2+\boldsymbol{B}^2$；

(D) 设 $\boldsymbol{A}$，$\boldsymbol{B}$ 均为 n 阶矩阵，且 $\boldsymbol{AB}=\boldsymbol{BA}$，则对任意正整数 k，m，有 $\boldsymbol{A}^k\boldsymbol{B}^m=\boldsymbol{B}^m\boldsymbol{A}^k$.

1.3 逆矩阵及其性质

1.3.1 矩阵的逆

对于非零实数 a，它的倒数是唯一的实数 a^{-1}，它有如下性质：

$$a^{-1}a=aa^{-1}=1. \tag{1.3.1}$$

在等式 (1.3.1) 中，数 1 是实数乘法的单位元．同样对于 $n\times n$ 矩阵 $\boldsymbol{A}$，能否找到 $n\times n$ 矩阵 $\boldsymbol{B}$ 满足

$$\boldsymbol{AB}=\boldsymbol{BA}=\boldsymbol{E}.$$

其中，$\boldsymbol{E}$ 表示 $n\times n$ 单位矩阵．

定义 1.8　设 $\boldsymbol{A}$ 为 $n\times n$ 矩阵，若存在 $n\times n$ 矩阵 $\boldsymbol{B}$ 满足

$$\boldsymbol{AB}=\boldsymbol{BA}=\boldsymbol{E},$$

其中，$\boldsymbol{E}$ 表示 $n\times n$ 单位矩阵，则称矩阵 $\boldsymbol{A}$ 可逆，$\boldsymbol{B}$ 为 $\boldsymbol{A}$ 的逆矩阵，记为 $\boldsymbol{A}^{-1}$.

根据矩阵的乘法法则，只有方阵才能满足上述等式．另外，对于任意的 n 阶方阵 $\boldsymbol{A}$，适合上述等式的矩阵 $\boldsymbol{B}$ 是唯一的（如

果有的话）．事实上，若存在 $n\times n$ 矩阵 $\boldsymbol{C}$ 满足 $\boldsymbol{AC}=\boldsymbol{CA}=\boldsymbol{E}$，则

$$\boldsymbol{C}=\boldsymbol{CE}=\boldsymbol{CAB}=\boldsymbol{EB}=\boldsymbol{B}.$$

注：并非每个方阵都是可逆的，如

$$\boldsymbol{A}=\begin{pmatrix}3 & 2\\ 6 & 4\end{pmatrix}\text{ 就是不可逆的方阵}.$$

事实上，若存在矩阵 $\boldsymbol{B}=\begin{pmatrix}a & b\\ c & d\end{pmatrix}$ 满足 $\boldsymbol{AB}=\boldsymbol{BA}=\boldsymbol{E}$，则

$$\begin{pmatrix}1 & 0\\ 0 & 1\end{pmatrix}=\begin{pmatrix}3 & 2\\ 6 & 4\end{pmatrix}\begin{pmatrix}a & b\\ c & d\end{pmatrix}=\begin{pmatrix}3a+2c & 3b+2d\\ 6a+4c & 6b+4d\end{pmatrix},$$

即 $\begin{cases}3a+2c=1,\\ 6a+4c=0,\end{cases}$ 显然这是不可能的，所以矩阵 $\boldsymbol{A}$ 没有逆矩阵．至于矩阵存在逆矩阵的充分必要条件以及逆矩阵的求法将留到第 2 章介绍．

1.3.2 逆矩阵的性质

最后列举逆矩阵的一些性质．

定理 1.5 设 $\boldsymbol{A}$ 和 $\boldsymbol{B}$ 为 $n\times n$ 矩阵，每一个矩阵都存在逆矩阵，则

（ⅰ）$\boldsymbol{A}^{-1}$ 存在逆矩阵且 $(\boldsymbol{A}^{-1})^{-1}=\boldsymbol{A}$；

（ⅱ）$\boldsymbol{AB}$ 存在逆矩阵且 $(\boldsymbol{AB})^{-1}=\boldsymbol{B}^{-1}\boldsymbol{A}^{-1}$；

（ⅲ）若 $k\neq 0$，则 $k\boldsymbol{A}$ 存在逆矩阵且 $(k\boldsymbol{A})^{-1}=\frac{1}{k}\boldsymbol{A}^{-1}$；

（ⅳ）$\boldsymbol{A}^{\mathrm{T}}$ 存在逆矩阵且 $(\boldsymbol{A}^{\mathrm{T}})^{-1}=(\boldsymbol{A}^{-1})^{\mathrm{T}}$.

证 （ⅰ）因为 $\boldsymbol{AA}^{-1}=\boldsymbol{A}^{-1}\boldsymbol{A}=\boldsymbol{E}$，所以 $\boldsymbol{A}^{-1}$ 的逆矩阵为 $\boldsymbol{A}$，即 $(\boldsymbol{A}^{-1})^{-1}=\boldsymbol{A}$.

（ⅱ）因为 $(\boldsymbol{AB})(\boldsymbol{B}^{-1}\boldsymbol{A}^{-1})=\boldsymbol{A}(\boldsymbol{BB}^{-1})\boldsymbol{A}^{-1}=\boldsymbol{AEA}^{-1}=\boldsymbol{E}$，同样 $(\boldsymbol{B}^{-1}\boldsymbol{A}^{-1})(\boldsymbol{AB})=\boldsymbol{E}$，所以 $\boldsymbol{B}^{-1}\boldsymbol{A}^{-1}$ 是 $\boldsymbol{AB}$ 的逆矩阵，即 $(\boldsymbol{AB})^{-1}=\boldsymbol{B}^{-1}\boldsymbol{A}^{-1}$.

（ⅲ）因为 $(k\boldsymbol{A})\left(\frac{1}{k}\boldsymbol{A}^{-1}\right)=\left(\frac{1}{k}\boldsymbol{A}^{-1}\right)(k\boldsymbol{A})=\boldsymbol{E}$，所以 $(k\boldsymbol{A})^{-1}=\frac{1}{k}\boldsymbol{A}^{-1}$.

（ⅳ）由 $(\boldsymbol{AC})^{\mathrm{T}}=\boldsymbol{C}^{\mathrm{T}}\boldsymbol{A}^{\mathrm{T}}$ 可得 $\boldsymbol{A}^{\mathrm{T}}(\boldsymbol{A}^{-1})^{\mathrm{T}}=(\boldsymbol{A}^{-1}\boldsymbol{A})^{\mathrm{T}}=\boldsymbol{E}^{\mathrm{T}}=\boldsymbol{E}$. 同理可得 $(\boldsymbol{A}^{-1})^{\mathrm{T}}\boldsymbol{A}^{\mathrm{T}}=\boldsymbol{E}$. 所以，$(\boldsymbol{A}^{\mathrm{T}})^{-1}=(\boldsymbol{A}^{-1})^{\mathrm{T}}$.

注： 实数中等式 $(ab)^{-1}=a^{-1}b^{-1}$ 成立是因为实数的乘法是可交换的．但因矩阵乘法不满足交换律，所以 $(\boldsymbol{AB})^{-1}=\boldsymbol{B}^{-1}\boldsymbol{A}^{-1}$.

习题 1.3

1. 证明下列等式：

(1) $\begin{pmatrix}1&2\\3&4\end{pmatrix}^{-1}=\begin{pmatrix}-2&1\\\frac{3}{2}&-\frac{1}{2}\end{pmatrix}$；

(2) $\begin{pmatrix}1&2&-3\\0&1&2\\0&0&1\end{pmatrix}^{-1}=\begin{pmatrix}1&-2&7\\0&1&-2\\0&0&1\end{pmatrix}$.

2. 选择题：

(1) 设 n 阶可逆方阵 $\boldsymbol{A}$，$\boldsymbol{B}$，$\boldsymbol{C}$ 满足关系式 $\boldsymbol{ABC}=\boldsymbol{E}$，其中 $\boldsymbol{E}$ 是 n 阶单位阵，则必有（　　）.

(A) $\boldsymbol{ACB}=\boldsymbol{E}$；　(B) $\boldsymbol{CBA}=\boldsymbol{E}$；

(C) $\boldsymbol{BAC}=\boldsymbol{E}$；　(D) $\boldsymbol{BCA}=\boldsymbol{E}$.

(2) 设 $\boldsymbol{A}$，$\boldsymbol{B}$ 为 n 阶方阵，则（　　）.

(A) $\boldsymbol{A}$ 或 $\boldsymbol{B}$ 可逆，必有 $\boldsymbol{AB}$ 可逆；

(B) $\boldsymbol{A}$ 或 $\boldsymbol{B}$ 不可逆，必有 $\boldsymbol{AB}$ 不可逆；

(C) $\boldsymbol{A}$，$\boldsymbol{B}$ 均可逆，必有 $\boldsymbol{A}+\boldsymbol{B}$ 可逆；

(D) $\boldsymbol{A}$，$\boldsymbol{B}$ 均不可逆，必有 $\boldsymbol{A}+\boldsymbol{B}$ 不可逆.

1.4 矩阵的分块

最后，介绍一个在处理阶数较高的矩阵时经常用到的方法，即矩阵的分块．把一个大矩阵看成是由一些小矩阵组成的，就如矩阵是由数组成的一样，在运算中，把这些小矩阵当作数一样处理，这就是所谓的矩阵的分块．

1.4.1 分块矩阵

定义 1.9 用一些横线和竖线将矩阵分成若干个小块，这种操作称为对矩阵进行分块；每一个小块称为矩阵的子块；矩阵分块后，以子块为元素的形式上的矩阵称为分块矩阵．

例如 $\boldsymbol{A}=\begin{pmatrix}a_{11}&a_{12}&a_{13}&a_{14}\\a_{21}&a_{22}&a_{23}&a_{24}\\a_{31}&a_{32}&a_{33}&a_{34}\end{pmatrix}$ 可分成

(ⅰ) $\boldsymbol{A}=\left(\begin{array}{cc:cc}a_{11}&a_{12}&a_{13}&a_{14}\\a_{21}&a_{22}&a_{23}&a_{24}\\\hdashline a_{31}&a_{32}&a_{33}&a_{34}\end{array}\right)$

(ⅱ) $\boldsymbol{A}=\left(\begin{array}{c:c:c:c}a_{11}&a_{12}&a_{13}&a_{14}\\a_{21}&a_{22}&a_{23}&a_{24}\\a_{31}&a_{32}&a_{33}&a_{34}\end{array}\right)$

（ⅲ）$\boldsymbol{A}=\begin{pmatrix} a_{11} & a_{12} & a_{13} & a_{14} \\ \hdashline a_{21} & a_{22} & a_{23} & a_{24} \\ \hdashline a_{31} & a_{32} & a_{33} & a_{34} \end{pmatrix}$

分法（ⅰ）可记为 $\boldsymbol{A}=\begin{pmatrix} \boldsymbol{A}_{11} & \boldsymbol{A}_{12} \\ \boldsymbol{A}_{21} & \boldsymbol{A}_{22} \end{pmatrix}$，其中 $\boldsymbol{A}_{11}=\begin{pmatrix} a_{11} & a_{12} \\ a_{21} & a_{22} \end{pmatrix}$，$\boldsymbol{A}_{12}=\begin{pmatrix} a_{13} & a_{14} \\ a_{23} & a_{24} \end{pmatrix}$，$\boldsymbol{A}_{21}=(a_{31} \quad a_{32})$，$\boldsymbol{A}_{22}=(a_{33} \quad a_{34})$.

分法（ⅱ）可记为 $\boldsymbol{A}=(\boldsymbol{A}_{11} \quad \boldsymbol{A}_{12} \quad \boldsymbol{A}_{13} \quad \boldsymbol{A}_{14})$，此时 $\boldsymbol{A}$ 为行矩阵，其中 $\boldsymbol{A}_{11}=\begin{pmatrix} a_{11} \\ a_{21} \\ a_{31} \end{pmatrix}$，$\boldsymbol{A}_{12}=\begin{pmatrix} a_{12} \\ a_{22} \\ a_{32} \end{pmatrix}$，$\boldsymbol{A}_{13}=\begin{pmatrix} a_{13} \\ a_{23} \\ a_{33} \end{pmatrix}$，$\boldsymbol{A}_{14}=\begin{pmatrix} a_{14} \\ a_{24} \\ a_{34} \end{pmatrix}$，$\boldsymbol{A}_{11}$，$\boldsymbol{A}_{12}$，$\boldsymbol{A}_{13}$，$\boldsymbol{A}_{14}$ 都是列矩阵.

分法（ⅲ）可记为 $\boldsymbol{A}=\begin{pmatrix} \boldsymbol{A}_{11} \\ \boldsymbol{A}_{21} \\ \boldsymbol{A}_{31} \end{pmatrix}$. 通过分块，$\boldsymbol{A}$ 可以表示成一个列矩阵，其中 $\boldsymbol{A}_{11}=(a_{11} \quad a_{12} \quad a_{13} \quad a_{14})$，$\boldsymbol{A}_{21}=(a_{21} \quad a_{22} \quad a_{23} \quad a_{24})$，$\boldsymbol{A}_{31}=(a_{31} \quad a_{32} \quad a_{33} \quad a_{34})$，$\boldsymbol{A}_{11}$，$\boldsymbol{A}_{21}$，$\boldsymbol{A}_{31}$ 都是行矩阵.

1.4.2 分块矩阵的运算

分块矩阵的运算规则与普通矩阵的运算规则相似.

（ⅰ）加减法：①$\boldsymbol{A}$ 与 $\boldsymbol{B}$ 为同型矩阵. ②分块完全相同. ③对应元素相加减.

设 $\boldsymbol{A}=\begin{pmatrix} \boldsymbol{A}_{11} & \boldsymbol{A}_{12} & \cdots & \boldsymbol{A}_{1s} \\ \boldsymbol{A}_{21} & \boldsymbol{A}_{22} & \cdots & \boldsymbol{A}_{2s} \\ \vdots & \vdots & & \vdots \\ \boldsymbol{A}_{r1} & \boldsymbol{A}_{r2} & \cdots & \boldsymbol{A}_{rs} \end{pmatrix}$，$\boldsymbol{B}=\begin{pmatrix} \boldsymbol{B}_{11} & \boldsymbol{B}_{12} & \cdots & \boldsymbol{B}_{1s} \\ \boldsymbol{B}_{21} & \boldsymbol{B}_{22} & \cdots & \boldsymbol{B}_{2s} \\ \vdots & \vdots & & \vdots \\ \boldsymbol{B}_{r1} & \boldsymbol{B}_{r2} & \cdots & \boldsymbol{B}_{rs} \end{pmatrix}$，则

$$\boldsymbol{A}\pm\boldsymbol{B}=\begin{pmatrix} \boldsymbol{A}_{11}\pm\boldsymbol{B}_{11} & \boldsymbol{A}_{12}\pm\boldsymbol{B}_{12} & \cdots & \boldsymbol{A}_{1s}\pm\boldsymbol{B}_{1s} \\ \boldsymbol{A}_{21}\pm\boldsymbol{B}_{21} & \boldsymbol{A}_{22}\pm\boldsymbol{B}_{22} & \cdots & \boldsymbol{A}_{2s}\pm\boldsymbol{B}_{2s} \\ \vdots & \vdots & & \vdots \\ \boldsymbol{A}_{r1}\pm\boldsymbol{B}_{r1} & \boldsymbol{A}_{r2}\pm\boldsymbol{B}_{r2} & \cdots & \boldsymbol{A}_{rs}\pm\boldsymbol{B}_{rs} \end{pmatrix}.$$

（ⅱ）数乘：

设 $\boldsymbol{A}=\begin{pmatrix} \boldsymbol{A}_{11} & \boldsymbol{A}_{12} & \cdots & \boldsymbol{A}_{1s} \\ \boldsymbol{A}_{21} & \boldsymbol{A}_{22} & \cdots & \boldsymbol{A}_{2s} \\ \vdots & \vdots & & \vdots \\ \boldsymbol{A}_{r1} & \boldsymbol{A}_{r2} & \cdots & \boldsymbol{A}_{rs} \end{pmatrix}$，$\lambda\in\mathbf{R}$，则

$$\lambda A=\begin{pmatrix}\lambda A_{11} & \lambda A_{12} & \cdots & \lambda A_{1s}\\ \lambda A_{21} & \lambda A_{22} & \cdots & \lambda A_{2s}\\ \vdots & \vdots & & \vdots\\ \lambda A_{r1} & \lambda A_{r2} & \cdots & \lambda A_{rs}\end{pmatrix}.$$

（ⅲ）乘法：

设 A 为 $m\times l$ 矩阵，B 为 $l\times n$ 矩阵，把 A，B 分块如下：

$$A=\begin{pmatrix}A_{11} & A_{12} & \cdots & A_{1t}\\ A_{21} & A_{22} & \cdots & A_{2t}\\ \vdots & \vdots & & \vdots\\ A_{s1} & A_{s2} & \cdots & A_{st}\end{pmatrix},B=\begin{pmatrix}B_{11} & B_{12} & \cdots & B_{1r}\\ B_{21} & B_{22} & \cdots & B_{2r}\\ \vdots & \vdots & & \vdots\\ B_{t1} & B_{t2} & \cdots & B_{tr}\end{pmatrix},$$

其中 A_{i1}，A_{i2}，…，A_{it} 的列数分别等于 B_{1j}，B_{2j}，…，B_{tj} 的行数，则

$$AB=\begin{pmatrix}C_{11} & C_{12} & \cdots & C_{1r}\\ C_{21} & C_{22} & \cdots & C_{2r}\\ \vdots & \vdots & & \vdots\\ C_{s1} & C_{s2} & \cdots & C_{sr}\end{pmatrix},$$

其中 $C_{ij}=\sum_{k=1}^{l}A_{ik}B_{kj}\,(i=1,2,\cdots,s;j=1,2,\cdots,r)$.

注：分块前，矩阵必须可相乘，分块后才可相乘．

（ⅳ）转置：

$$设\ A=\begin{pmatrix}A_{11} & A_{12} & \cdots & A_{1t}\\ A_{21} & A_{22} & \cdots & A_{2t}\\ \vdots & \vdots & & \vdots\\ A_{s1} & A_{s2} & \cdots & A_{st}\end{pmatrix},\ 则\ A^{T}=\begin{pmatrix}A_{11}^{T} & A_{21}^{T} & \cdots & A_{s1}^{T}\\ A_{12}^{T} & A_{22}^{T} & \cdots & A_{s2}^{T}\\ \vdots & \vdots & & \vdots\\ A_{1t}^{T} & A_{2t}^{T} & \cdots & A_{st}^{T}\end{pmatrix}.$$

注：分块矩阵的转置不仅形式上进行转置，而且每一个子块也进行转置．

1.4.3　特殊的分块矩阵

（ⅰ）分块三角矩阵

若矩阵 A 分块为

$$A=\begin{pmatrix}A_{11} & A_{12} & \cdots & A_{1s}\\ O & A_{22} & \cdots & A_{2s}\\ \vdots & \vdots & & \vdots\\ O & O & \cdots & A_{rs}\end{pmatrix}\ 或\ A=\begin{pmatrix}A_{11} & O & \cdots & O\\ A_{21} & A_{22} & \cdots & O\\ \vdots & \vdots & & \vdots\\ A_{r1} & A_{r2} & \cdots & A_{rs}\end{pmatrix},$$

则称 A 为分块三角矩阵．

（ⅱ）分块对角矩阵（准对角矩阵）

若 $n\times n$ 矩阵 A 的非零元都集中在主对角线附近，则 A 可分

块为对角矩阵，即

$$A=\begin{pmatrix} A_1 & O & \cdots & O \\ O & A_2 & \cdots & O \\ \vdots & \vdots & & \vdots \\ O & O & \cdots & A_s \end{pmatrix},$$

其中 $A_i(i=1,2,\cdots,s)$ 是 r_i 阶方阵并且 $\sum_{i=1}^{s} r_i = n$. 特别地，若 A_i $(i=1,2,\cdots,s)$ 存在逆矩阵，则 A 也存在逆矩阵，且

$$A^{-1}=\begin{pmatrix} A_1^{-1} & O & \cdots & O \\ O & A_2^{-1} & \cdots & O \\ \vdots & \vdots & & \vdots \\ O & O & \cdots & A_s^{-1} \end{pmatrix}.$$

1.4.4　线性变换的表示形式

利用矩阵的按列分块，可以给出线性变换的其他表示形式．

对线性变换（1.2.1）的系数矩阵 A 进行按列分块，得到

$$A=\begin{pmatrix} a_{11} & a_{12} & \cdots & a_{1n} \\ a_{21} & a_{22} & \cdots & a_{2n} \\ \vdots & \vdots & & \vdots \\ a_{m1} & a_{m2} & \cdots & a_{mn} \end{pmatrix}=(A_{11} \quad A_{12} \quad \cdots \quad A_{1n}),$$

其中 $A_{11}=\begin{pmatrix} a_{11} \\ a_{21} \\ \vdots \\ a_{m1} \end{pmatrix}$，$A_{12}=\begin{pmatrix} a_{12} \\ a_{22} \\ \vdots \\ a_{m2} \end{pmatrix}$，…，$A_{1n}=\begin{pmatrix} a_{1n} \\ a_{2n} \\ \vdots \\ a_{mn} \end{pmatrix}$. 根据矩阵的运算，线性变换（1.2.1）可以表示为

$$\begin{pmatrix} a_{11} \\ a_{21} \\ \vdots \\ a_{m1} \end{pmatrix}x_1+\begin{pmatrix} a_{12} \\ a_{22} \\ \vdots \\ a_{m2} \end{pmatrix}x_2+\cdots+\begin{pmatrix} a_{1n} \\ a_{2n} \\ \vdots \\ a_{mn} \end{pmatrix}x_n=\begin{pmatrix} y_1 \\ y_2 \\ \vdots \\ y_m \end{pmatrix}.$$

若设 $y=\begin{pmatrix} y_1 \\ y_2 \\ \vdots \\ y_m \end{pmatrix}$，则 $A_{11}x_1+A_{12}x_2+\cdots+A_{1n}x_n=y$，即

$$(A_{11} \quad A_{12} \quad \cdots \quad A_{1n})\begin{pmatrix} x_1 \\ x_2 \\ \vdots \\ x_n \end{pmatrix}=y.$$

习题 1.4

1. 按指定的分块方法，进行下列运算：

设

$$A=\begin{pmatrix}E_2 & O\\ A_{21} & E_2\end{pmatrix},B=\begin{pmatrix}B_{11} & B_{12}\\ B_{21} & B_{22}\end{pmatrix},C=\begin{pmatrix}C_{11} & O\\ O & C_{22}\end{pmatrix},$$

其中 $A_{21}=\begin{pmatrix}-1 & 2\\ 1 & 1\end{pmatrix}$，$B_{11}=\begin{pmatrix}1 & 0\\ -1 & 2\end{pmatrix}$，$B_{12}=\begin{pmatrix}3 & 2\\ 0 & 1\end{pmatrix}$，$B_{21}=\begin{pmatrix}1 & 0\\ -1 & -1\end{pmatrix}$，$B_{22}=\begin{pmatrix}4 & 1\\ 2 & 0\end{pmatrix}$，$C_{11}=\begin{pmatrix}2 & 0\\ 1 & 2\end{pmatrix}$，$C_{22}=\begin{pmatrix}3 & 1\\ 0 & 3\end{pmatrix}$.

求：(1) AB；(2) C^2；(3) A^T；(4) B^TC.

2. 利用分块矩阵的乘法，计算 AB

$$A=\begin{pmatrix}A_1\\ A_2\\ A_3\end{pmatrix},B=(B_1,\quad B_2,\quad B_3),$$

其中 $A_1=(-2,-1,2)$，$A_2=(2,-2,1)$，$A_3=(1,2,2)$，

$B_1=\begin{pmatrix}-2\\ -1\\ 2\end{pmatrix}$，$B_2=\begin{pmatrix}2\\ -2\\ 1\end{pmatrix}$，$B_3=\begin{pmatrix}1\\ 2\\ 2\end{pmatrix}$.

总习题一

1. 计算：

(1) $(1\quad 2\quad 3)\begin{pmatrix}3\\ 2\\ 1\end{pmatrix}$；　(2) $\begin{pmatrix}3\\ 2\\ 1\end{pmatrix}(1\quad 2\quad 3)$；

(3) $\begin{pmatrix}1 & 2 & 0\\ 1 & 1 & 2\\ -1 & 3 & 1\end{pmatrix}\begin{pmatrix}3 & -2 & -2\\ 3 & 1 & 1\\ -3 & 5 & -1\end{pmatrix}$；

(4) $\begin{pmatrix}1 & 2 & 3\\ 2 & -1 & 2\\ 1 & 4 & 5\end{pmatrix}\begin{pmatrix}2 & 1\\ -1 & 2\\ -2 & 1\end{pmatrix}\begin{pmatrix}1 & 2 & 1\\ -1 & 3 & -2\end{pmatrix}$；

(5) $(x_1\quad x_2\quad x_3)\begin{pmatrix}a_{11} & a_{12} & a_{13}\\ a_{12} & a_{22} & a_{23}\\ a_{13} & a_{23} & a_{33}\end{pmatrix}\begin{pmatrix}x_1\\ x_2\\ x_3\end{pmatrix}$.

2. 设 A，B 为 n 阶方阵，试问下列等式是否一定成立？如果不是一定成立，那么在什么条件下等式一定成立？

(1) $(A+B)(A-B)=A^2-B^2$；(2) $(A+B)^2=A^2+B^2+2AB$.

3. 已知关系式

$$(a\quad b\quad c\quad d)\begin{pmatrix}1 & 0 & 2 & 0\\ 0 & 1 & 0 & 1\\ 0 & 0 & 1 & 1\\ 0 & 0 & 1 & 0\end{pmatrix}=(1\quad 0\quad 3\quad 0),$$

求$(a\quad b\quad c\quad d)$.

4. 已知矩阵

$$A=\begin{pmatrix}1 & -2 & 2\\ -1 & 2 & -2\end{pmatrix},B=\begin{pmatrix}-2 & -2\\ -1 & 1\\ -1 & 3\end{pmatrix},C=\begin{pmatrix}-1 & -2\\ 1 & -3\\ -5 & 2\end{pmatrix},$$

求 (1) $3B-2C$；(2) $A(3B-2C)$.

5. 设矩阵 $A=\begin{pmatrix}3 & -2 & 1\\ 4 & 3 & -1\end{pmatrix}$，$B=\begin{pmatrix}5 & 2 & 0\\ 3 & 0 & 1\end{pmatrix}$，计算 (1) AB^T；(2) B^TA；(3) A^TA.

6. 设方阵 A 满足方程 $A^2+A-3E=O$. 证明：A 和 $A+2E$ 都可逆，并求它们的逆矩阵.

7. 用分块矩阵计算下列矩阵的乘积：

(1) $\begin{pmatrix}1 & 2 & 1 & 0\\ 0 & 3 & 0 & 1\\ 0 & 0 & 2 & 1\\ 0 & 0 & 0 & 1\end{pmatrix}\begin{pmatrix}1 & 0 & 3 & 0\\ 0 & 1 & -2 & 1\\ 0 & 0 & -3 & 2\\ 0 & 0 & 0 & 2\end{pmatrix}$；

(2) $\begin{pmatrix}1 & -1 & 0 & 0\\ 3 & -1 & 0 & 0\\ 0 & 1 & 0 & 0\\ 0 & 0 & 2 & -1\end{pmatrix}\begin{pmatrix}1 & 0 & 0 & 0\\ -1 & 0 & 0 & 0\\ 0 & 1 & 3 & -1\\ 0 & 2 & 1 & 4\end{pmatrix}$.

8. 设 $A=\begin{pmatrix}1 & 2 & 0 & 0\\ 3 & 1 & 0 & 0\\ 0 & 0 & 3 & 2\\ 0 & 0 & 2 & 1\end{pmatrix}$，求 A^3.

第2章 行列式

方阵的行列式是线性代数中一个重要的概念，本章从分析二阶、三阶行列式的构成出发，将其推广到 n 阶行列式，并导出行列式的一些基本性质及行列式按行（列）展开的定理．最后考虑行列式在矩阵理论中的一些应用．例如，用行列式求可逆矩阵的逆矩阵．

2.1 行列式的定义

2.1.1 二元线性方程组与二阶行列式

对于二元线性方程组

$$\begin{cases} a_{11}x_1+a_{12}x_2=b_1, \\ a_{21}x_1+a_{22}x_2=b_2, \end{cases} \tag{2.1.1}$$

当 $a_{11}a_{22}-a_{12}a_{21}\neq 0$ 时，可得到上述方程组的解

$$x_1=\frac{b_1a_{22}-a_{12}b_2}{a_{11}a_{22}-a_{12}a_{21}}, x_2=\frac{a_{11}b_2-b_1a_{21}}{a_{11}a_{22}-a_{12}a_{21}}.$$

为了方便，引入下面的定义[⊖]．

定义 2.1 用记号 $\begin{vmatrix} a_{11} & a_{12} \\ a_{21} & a_{22} \end{vmatrix}$ 表示代数式 $a_{11}a_{22}-a_{12}a_{21}$，并称其为二阶行列式，即

$$\begin{vmatrix} a_{11} & a_{12} \\ a_{21} & a_{22} \end{vmatrix}=a_{11}a_{22}-a_{12}a_{21}. \tag{2.1.2}$$

在式（2.1.2）中，横排称为行，竖排称为列，数 $a_{ij}(i=1,2;j=1,2)$ 称为行列式（2.1.2）的元素．元素 a_{ij} 的第一个下标 i 称为行标，表明该元素位于第 i 行，第二个下标 j 称为列标，表明该元素位于第 j 列．因此，二阶行列式就是主对角线上元素 a_{11} 与 a_{22} 的乘积减去副对角线上元素 a_{12} 与 a_{21} 的乘积，这就是对角线法则．

⊖ 思考：行列式与矩阵的区别．

利用二阶行列式，当方程组（2.1.1）的系数行列式 $D=\begin{vmatrix} a_{11} & a_{12} \\ a_{21} & a_{22} \end{vmatrix}=a_{11}a_{22}-a_{12}a_{21}\neq 0$ 时，记 $D_1=\begin{vmatrix} b_1 & a_{12} \\ b_2 & a_{22} \end{vmatrix}$，$D_2=\begin{vmatrix} a_{11} & b_1 \\ a_{21} & b_2 \end{vmatrix}$，则方程组（2.1.1）的唯一解可表示为

$$x_1=\frac{D_1}{D},x_2=\frac{D_2}{D}.$$

例 2.1.1　计算二元线性方程组

$$\begin{cases} x_1+3x_2=3, \\ 2x_1-2x_2=5 \end{cases}$$

的解．

解　由于 $\begin{vmatrix} 1 & 3 \\ 2 & -2 \end{vmatrix}=1\times(-2)-2\times 3=-8\neq 0$，$D_1=\begin{vmatrix} 3 & 3 \\ 5 & -2 \end{vmatrix}=-21$，$D_2=\begin{vmatrix} 1 & 3 \\ 2 & 5 \end{vmatrix}=-1$，所以方程组的解为

$$x_1=\frac{D_1}{D}=\frac{21}{8},x_2=\frac{D_2}{D}=\frac{1}{8}.$$

2.1.2　三阶行列式

定义 2.2　用记号 $\begin{vmatrix} a_{11} & a_{12} & a_{13} \\ a_{21} & a_{22} & a_{23} \\ a_{31} & a_{32} & a_{33} \end{vmatrix}$ 表示代数和

$a_{11}a_{22}a_{33}+a_{12}a_{23}a_{31}+a_{13}a_{21}a_{32}-a_{13}a_{22}a_{31}-a_{12}a_{21}a_{33}-a_{11}a_{23}a_{32}$，并称其为三阶行列式，即

$$\begin{vmatrix} a_{11} & a_{12} & a_{13} \\ a_{21} & a_{22} & a_{23} \\ a_{31} & a_{32} & a_{33} \end{vmatrix}=a_{11}a_{22}a_{33}+a_{12}a_{23}a_{31}+a_{13}a_{21}a_{32}-a_{13}a_{22}a_{31}-a_{12}a_{21}a_{33}-a_{11}a_{23}a_{32}.$$

三阶行列式是三条主对角线方向的各元素乘积之和减去三条副对角线方向的各元素乘积之和，如图 2.1.1 所示．

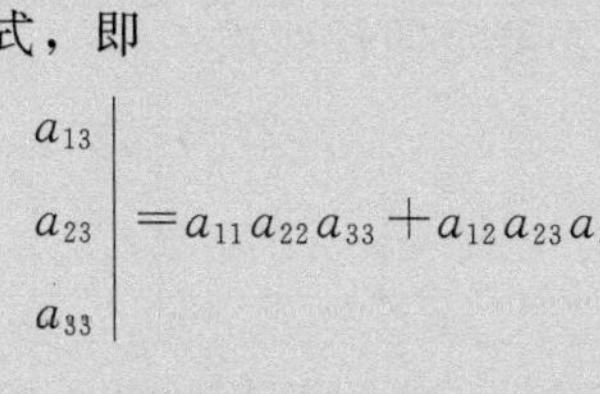

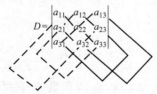

图　2.1.1

例 2.1.2 计算行列式 $D=\begin{vmatrix} 1 & 2 & 3 \\ 3 & 2 & 1 \\ -2 & 4 & 10 \end{vmatrix}$.

解 根据定义 2.2

$$D=1\times2\times10+2\times1\times(-2)+3\times4\times3-3\times2\times(-2)-2\times3\times10-1\times4\times1=0.$$

2.1.3 n 阶行列式的定义

n 阶行列式是二阶行列式和三阶行列式的推广，是由 n^2 个数构成的，记为

$$D=\begin{vmatrix} a_{11} & a_{12} & \cdots & a_{1n} \\ a_{21} & a_{22} & \cdots & a_{2n} \\ \vdots & \vdots & & \vdots \\ a_{n1} & a_{n2} & \cdots & a_{nn} \end{vmatrix},$$

简写为 $D=|a_{ij}|_n$ 或 $D=\det(a_{ij})$. 特别地，当 $n=1$ 时，一阶行列式 $|a_{11}|=a_{11}$，注意不要把行列式与绝对值记号相混淆.

本节将采用降阶的方法计算 n 阶行列式的值．首先介绍余子式和代数余子式的概念.

定义 2.3 在 n 阶行列式 $D=|a_{ij}|_n$ 中，用 M_{ij} 表示划去行列式 D 的第 i 行和第 j 列后余下的元素按照原来的位置构成的 $n-1$ 阶行列式，称 M_{ij} 为元素 a_{ij} 的余子式，称 $A_{ij}=(-1)^{i+j}M_{ij}$ 为元素 a_{ij} 的代数余子式.

例 2.1.3 对于下面给定的行列式

$$D=\begin{vmatrix} 1 & 2 & 3 \\ 1 & 0 & 4 \\ 4 & 2 & 6 \end{vmatrix},$$

求余子式 M_{12}，M_{22}，M_{31}，并计算代数余子式 A_{12}，A_{22}，A_{31}.

解 从 D 中删掉第 1 行和第 2 列，得到余子式

$$M_{12}=\begin{vmatrix} 1 & 4 \\ 4 & 6 \end{vmatrix}=-10.$$

同理可得余子式 M_{22} 和 M_{31}，分别为

$$M_{22}=\begin{vmatrix} 1 & 3 \\ 4 & 6 \end{vmatrix}=-6, M_{31}=\begin{vmatrix} 2 & 3 \\ 0 & 4 \end{vmatrix}=8.$$

由代数余子式的定义可得相应的代数余子式 A_{12}，A_{22} 和 A_{31} 分别为

$$A_{12}=(-1)^{1+2}\begin{vmatrix}1 & 4\\ 4 & 6\end{vmatrix}=10,$$

$$A_{22}=(-1)^{2+2}\begin{vmatrix}1 & 3\\ 4 & 6\end{vmatrix}=-6,$$

$$A_{31}=(-1)^{3+1}\begin{vmatrix}2 & 2\\ 0 & 4\end{vmatrix}=8.$$

利用这个记号，可以把三阶行列式写成如下的形式：

$$\begin{vmatrix}a_{11} & a_{12} & a_{13}\\ a_{21} & a_{22} & a_{23}\\ a_{31} & a_{32} & a_{33}\end{vmatrix}=a_{11}\begin{vmatrix}a_{22} & a_{23}\\ a_{32} & a_{33}\end{vmatrix}-a_{21}\begin{vmatrix}a_{12} & a_{13}\\ a_{32} & a_{33}\end{vmatrix}+a_{31}\begin{vmatrix}a_{12} & a_{13}\\ a_{22} & a_{23}\end{vmatrix}$$

$$=a_{11}M_{11}-a_{21}M_{21}+a_{31}M_{31}=a_{11}A_{11}+a_{21}A_{21}+a_{31}A_{31},$$

即三阶行列式等于第一列的元素与其代数余子式乘积之和．对于 n 阶行列式，也可以按照这样的方式来定义它的值．

定义 2.4 n 阶行列式 D 的值定义为

$$D=\begin{vmatrix}a_{11} & a_{12} & \cdots & a_{1n}\\ a_{21} & a_{22} & \cdots & a_{2n}\\ \vdots & \vdots & & \vdots\\ a_{n1} & a_{n2} & \cdots & a_{nn}\end{vmatrix}=\begin{cases}a_{11}, & n=1,\\ a_{11}A_{11}+a_{21}A_{21}+\cdots+a_{n1}A_{n1}, & n>1,\end{cases}$$

称其为行列式按照第一列的展开式．

例 2.1.4 计算 $\begin{vmatrix}1 & 2 & 3\\ 4 & 5 & 6\\ 7 & 8 & 9\end{vmatrix}$.

解 $\begin{vmatrix}1 & 2 & 3\\ 4 & 5 & 6\\ 7 & 8 & 9\end{vmatrix}=1\times(-1)^{1+1}\times\begin{vmatrix}5 & 6\\ 8 & 9\end{vmatrix}+$

$$4\times(-1)^{2+1}\begin{vmatrix}2 & 3\\ 8 & 9\end{vmatrix}+7\times(-1)^{3+1}\begin{vmatrix}2 & 3\\ 5 & 6\end{vmatrix}=0.$$

根据上述计算行列式的方法，不难想到，按照其他行或者列展开是否可以？不妨对该例题按照其他行或者列进行展开，会发现所得到的结果都是一样的．实际上，这就是行列式按行（列）展开的性质．

定理 2.1 行列式等于任意一行（列）的元素与其对应的代数余子式的乘积之和，即

$$D=|a_{ij}|=a_{i1}A_{i1}+a_{i2}A_{i2}+\cdots+a_{in}A_{in}=a_{1j}A_{1j}+a_{2j}A_{2j}+\cdots+a_{nj}A_{nj},i,j=1,2,\cdots,n.$$

例 2.1.5 计算$\begin{vmatrix} 4 & 7 & 6 & 8 \\ 2 & 0 & 0 & 3 \\ 3 & 1 & 0 & 2 \\ 1 & 1 & 0 & 5 \end{vmatrix}$.

解

$$\begin{vmatrix} 4 & 7 & 6 & 8 \\ 2 & 0 & 0 & 3 \\ 3 & 1 & 0 & 2 \\ 1 & 1 & 0 & 5 \end{vmatrix} = 6\times(-1)^{1+3}\times\begin{vmatrix} 2 & 0 & 3 \\ 3 & 1 & 2 \\ 1 & 1 & 5 \end{vmatrix}$$

$$= 6\times\left(2\times\begin{vmatrix} 1 & 2 \\ 1 & 5 \end{vmatrix} + 3\times\begin{vmatrix} 3 & 1 \\ 1 & 1 \end{vmatrix}\right)$$

$$= 6\times 12 = 72.$$

定理 2.2 行列式中任意一行（列）的元素与另外一行（列）相应元素的代数余子式的乘积之和为零，即当 $i\neq j$ 时

$$a_{i1}A_{j1}+a_{i2}A_{j2}+\cdots+a_{in}A_{jn}=a_{1i}A_{1j}+a_{2i}A_{2j}+\cdots+a_{ni}A_{nj}=0, i,j=1,2,\cdots,n.$$

例 2.1.6 设

$$D=\begin{vmatrix} 1 & 2 & 3 & 4 \\ 2 & -1 & 2 & 3 \\ 3 & -1 & -1 & 0 \\ 1 & 1 & 2 & 3 \end{vmatrix},$$

求 $A_{21}+2A_{22}+3A_{23}+4A_{24}$，$A_{11}+A_{12}+A_{13}+A_{14}$ 及 $M_{11}+M_{21}+M_{31}+M_{41}$.

解 (1) $A_{21}+2A_{22}+3A_{23}+4A_{24}$ 即 $1\times A_{21}+2\times A_{22}+3\times A_{23}+4\times A_{24}$，可理解为行列式 D 的第 1 行元素与第 2 行相应元素的代数余子式乘积之和，根据定理 2.2，$A_{21}+2A_{22}+3A_{23}+4A_{24}=0$.

(2) $A_{11}+A_{12}+A_{13}+A_{14}=1\times A_{11}+1\times A_{12}+1\times A_{13}+1\times A_{14}$

$$=\begin{vmatrix} 1 & 1 & 1 & 1 \\ 2 & -1 & 2 & 3 \\ 3 & -1 & -1 & 0 \\ 1 & 1 & 2 & 3 \end{vmatrix}=11.$$

(3) $M_{11}+M_{21}+M_{31}+M_{41}=A_{11}-A_{21}+A_{31}-A_{41}$

$$=1\times A_{11}+(-1)\times A_{21}+1\times A_{31}+(-1)\times A_{41}$$

$$=\begin{vmatrix} 1 & 2 & 3 & 4 \\ -1 & -1 & 2 & 3 \\ 1 & -1 & -1 & 0 \\ -1 & 1 & 2 & 3 \end{vmatrix}=16.$$

例 2.1.7

计算 $D=\begin{vmatrix} 1 & 0 & 0 & 0 \\ -5 & 3 & 0 & 0 \\ 7 & 0 & 1 & 0 \\ 8 & 6 & -9 & -3 \end{vmatrix}$.

解　因为 $a_{12}=0$，$a_{13}=0$，$a_{14}=0$，所以有

$$\begin{aligned} D &= a_{11}A_{11}+a_{12}A_{12}+a_{13}A_{13}+a_{14}A_{14} \\ &= 1\times\begin{vmatrix} 3 & 0 & 0 \\ 0 & 1 & 0 \\ 6 & -9 & -3 \end{vmatrix} \\ &= 1\times 3\times\begin{vmatrix} 1 & 0 \\ -9 & -3 \end{vmatrix} \\ &= 1\times 3\times 1\times(-3) \\ &= -9. \end{aligned}$$

例 2.1.7 说明下三角行列式的值就是主对角线上元素的乘积．类似地，若 D 是 $n\times n$ 的上三角行列式，即

$$D=\begin{vmatrix} a_{11} & a_{12} & \cdots & a_{1n} \\ 0 & a_{22} & \cdots & a_{2n} \\ \vdots & \vdots & & \vdots \\ 0 & 0 & \cdots & a_{nn} \end{vmatrix},$$

则 $D=a_{11}a_{22}\cdots a_{nn}$．若 D 是 $n\times n$ 的对角行列式，即

$$D=\begin{vmatrix} a_{11} & 0 & \cdots & 0 \\ 0 & a_{22} & \cdots & 0 \\ \vdots & \vdots & & \vdots \\ 0 & 0 & \cdots & a_{nn} \end{vmatrix},$$

则 $D=a_{11}a_{22}\cdots a_{nn}$．但若

$$D=\begin{vmatrix} 0 & \cdots & 0 & a_{1n} \\ 0 & \cdots & a_{2,n-1} & a_{2n} \\ \vdots & & \vdots & \vdots \\ a_{n1} & \cdots & a_{n,n-1} & a_{nn} \end{vmatrix},$$

则 $D=(-1)^{\frac{n(n-1)}{2}}a_{1n}a_{2,n-1}\cdots a_{n1}$．特别地，

$$D=\begin{vmatrix} 0 & \cdots & 0 & a_{1n} \\ 0 & \cdots & a_{2,n-1} & 0 \\ \vdots & & \vdots & \vdots \\ a_{n1} & \cdots & 0 & 0 \end{vmatrix}=(-1)^{\frac{n(n-1)}{2}}a_{1n}a_{2,n-1}\cdots a_{n1}.$$

习题 2.1

1. 利用对角线法则计算下列行列式：

(1) $\begin{vmatrix} 3 & 6 & 1 \\ 1 & 0 & 5 \\ 3 & 1 & 7 \end{vmatrix}$；(2) $\begin{vmatrix} 2 & -5 & 0 \\ 1 & 3 & -3 \\ 4 & -1 & 6 \end{vmatrix}$；

(3) $\begin{vmatrix} a & b & c \\ b & c & a \\ c & a & b \end{vmatrix}$.

2. 计算三阶行列式 $\begin{vmatrix} 3 & 0 & 4 \\ 2 & 2 & 2 \\ 0 & -7 & 0 \end{vmatrix}$ 中第三行各元素的余子式之和.

3. 计算下列行列式：

(1) $\begin{vmatrix} 0 & 0 & 0 & 1 & 0 \\ 0 & 0 & 2 & 0 & 0 \\ 0 & 3 & 0 & 0 & 0 \\ 4 & 0 & 0 & 0 & 0 \\ 0 & 0 & 0 & 0 & 5 \end{vmatrix}$；

(2) $\begin{vmatrix} 0 & 0 & 0 & 0 & 1 \\ 0 & 0 & 0 & 2 & 0 \\ 0 & 0 & 3 & 0 & 0 \\ 0 & 4 & 0 & 0 & 0 \\ 5 & 0 & 0 & 0 & 0 \end{vmatrix}$.

4. 解方程：

$$\begin{vmatrix} 1-x & x & 0 \\ -1 & 1-x & x \\ 0 & -1 & 1-x \end{vmatrix}=0.$$

5. 若 $\begin{vmatrix} 1 & k & 1 \\ k & 1 & k+1 \\ 1 & k+1 & 1 \end{vmatrix}=k-1$，则 $k=$(　　).

(A) 0；　　(B) 1；

(C) -1；　　(D) 任意实数.

2.2 行列式的性质及计算

当 n 较大时，利用定义计算一般的行列式运算量是很大的. 本节将介绍行列式的性质定理，并通过性质定理来简化行列式的计算.

2.2.1 行列式的性质

把行列式 D 的行与列互换后得到的行列式称为 D 的**转置行列式**，记为 D^{T}. 若 $D=\begin{vmatrix} a_{11} & a_{12} & \cdots & a_{1n} \\ a_{21} & a_{22} & \cdots & a_{2n} \\ \vdots & \vdots & & \vdots \\ a_{n1} & a_{n2} & \cdots & a_{nn} \end{vmatrix}$，

则 $D^{\mathrm{T}}=\begin{vmatrix} a_{11} & a_{21} & \cdots & a_{n1} \\ a_{12} & a_{22} & \cdots & a_{n2} \\ \vdots & \vdots & & \vdots \\ a_{1n} & a_{2n} & \cdots & a_{nn} \end{vmatrix}$.

定理 2.3　行列式与它的转置行列式相等，即 $D^{\mathrm{T}}=D$.

定理 2.4　互换行列式的两行（列），行列式反号．

$$\begin{vmatrix} a_{11} & a_{12} & \cdots & a_{1n} \\ \vdots & \vdots & & \vdots \\ a_{i1} & a_{i2} & \cdots & a_{in} \\ \vdots & \vdots & & \vdots \\ a_{j1} & a_{j2} & \cdots & a_{jn} \\ \vdots & \vdots & & \vdots \\ a_{n1} & a_{n2} & \cdots & a_{nn} \end{vmatrix} = -\begin{vmatrix} a_{11} & a_{12} & \cdots & a_{1n} \\ \vdots & \vdots & & \vdots \\ a_{j1} & a_{j2} & \cdots & a_{jn} \\ \vdots & \vdots & & \vdots \\ a_{i1} & a_{i2} & \cdots & a_{in} \\ \vdots & \vdots & & \vdots \\ a_{n1} & a_{n2} & \cdots & a_{nn} \end{vmatrix}.$$

注：交换 i，j 两行（列），记作 $r_i \leftrightarrow r_j\,(c_i \leftrightarrow c_j)$.

推论 2.1[㊀]　如果行列式有两行（列）元素对应相等，则行列式等于零．

定理 2.5　行列式某一行（列）元素的公因子可以提到行列式符号的外面，即

$$\begin{vmatrix} a_{11} & a_{12} & \cdots & a_{1n} \\ \vdots & \vdots & & \vdots \\ ka_{i1} & ka_{i2} & \cdots & ka_{in} \\ \vdots & \vdots & & \vdots \\ a_{n1} & a_{n2} & \cdots & a_{nn} \end{vmatrix} = k\begin{vmatrix} a_{11} & a_{12} & \cdots & a_{1n} \\ \vdots & \vdots & & \vdots \\ a_{i1} & a_{i2} & \cdots & a_{in} \\ \vdots & \vdots & & \vdots \\ a_{n1} & a_{n2} & \cdots & a_{nn} \end{vmatrix}.$$

注：第 i 行（列）乘以数 k，记作 $r_i \times k\ (c_i \times k)$.

推论 2.2　若行列式中某一行（列）元素全为零，则行列式为零.

推论 2.3[㊁]　若行列式中有两行（列）元素对应成比例，则此行列式等于零．

定理 2.6　若行列式的某一行（列）的元素都是两数之和，则此行列式可按此行（列）拆成两个行列式之和，即

㊀ 提示：利用定理 2.4.

㊁ 提示：利用定理 2.5 和推论 2.1.

$$\begin{vmatrix} a_{11} & a_{12} & \cdots & a_{1n} \\ \vdots & \vdots & \vdots & \\ b_{i1}+c_{i1} & b_{i2}+c_{i2} & \cdots & b_{in}+c_{in} \\ \vdots & \vdots & & \vdots \\ a_{n1} & a_{n2} & \cdots & a_{nn} \end{vmatrix}$$

$$=\begin{vmatrix} a_{11} & a_{12} & \cdots & a_{1n} \\ \vdots & \vdots & & \vdots \\ b_{i1} & b_{i2} & \cdots & b_{in} \\ \vdots & \vdots & & \vdots \\ a_{n1} & a_{n2} & \cdots & a_{nn} \end{vmatrix}+\begin{vmatrix} a_{11} & a_{12} & \cdots & a_{1n} \\ \vdots & \vdots & & \vdots \\ c_{i1} & c_{i2} & \cdots & c_{in} \\ \vdots & \vdots & & \vdots \\ a_{n1} & a_{n2} & \cdots & a_{nn} \end{vmatrix}.$$

定理 2.7 把行列式的某一行（列）的元素乘以数 k，加到另一行（列）对应的元素上去，行列式不变．即

$$\begin{vmatrix} a_{11} & a_{12} & \cdots & a_{1n} \\ \vdots & \vdots & & \vdots \\ a_{i1} & a_{i2} & \cdots & a_{in} \\ \vdots & \vdots & & \vdots \\ a_{j1} & a_{j2} & \cdots & a_{jn} \\ \vdots & \vdots & & \vdots \\ a_{n1} & a_{n2} & \cdots & a_{nn} \end{vmatrix}=\begin{vmatrix} a_{11} & a_{12} & \cdots & a_{1n} \\ \vdots & \vdots & & \vdots \\ a_{i1} & a_{i2} & \cdots & a_{in} \\ \vdots & \vdots & & \vdots \\ (a_{j1}+ka_{i1}) & (a_{j2}+ka_{i2}) & \cdots & (a_{jn}+ka_{in}) \\ \vdots & \vdots & & \vdots \\ a_{n1} & a_{n2} & \cdots & a_{nn} \end{vmatrix}.$$

注：第 i 行（列）乘以数 k 加到第 j 行（列），记作 $r_j+kr_i\,(c_j+kc_i)$.

例 2.2.1 利用行列式的性质定理求行列式：

$$D=\begin{vmatrix} 1 & 2 & 0 & 2 \\ -1 & 2 & 2 & 1 \\ -2 & 3 & -1 & 2 \\ 2 & -3 & -2 & 1 \end{vmatrix}.$$

解 由定理 2.7 可知

$$D=\begin{vmatrix} 1 & 2 & 0 & 2 \\ -1 & 2 & 2 & 1 \\ -2 & 3 & -1 & 2 \\ 2 & -3 & -2 & 1 \end{vmatrix}\overset{c_2-2c_1}{=\!=}\begin{vmatrix} 1 & 0 & 0 & 2 \\ -1 & 4 & 2 & 1 \\ -2 & 7 & -1 & 2 \\ 2 & -7 & -2 & 1 \end{vmatrix}$$

$$\overset{c_4-2c_1}{=\!=}\begin{vmatrix} 1 & 0 & 0 & 0 \\ -1 & 4 & 2 & 3 \\ -2 & 7 & -1 & 6 \\ 2 & -7 & -2 & -3 \end{vmatrix}.$$

所以由此可得

$$D=\begin{vmatrix}4&2&3\\7&-1&6\\-7&-2&-3\end{vmatrix}.$$

现在想要在这个 3×3 行列式的 (3,1) 和 (3,3) 位置上引入零．把第 2 行加到第 3 行，然后把第 2 列加到第 3 列：

$$D=\begin{vmatrix}4&2&3\\7&-1&6\\-7&-2&-3\end{vmatrix}=\begin{vmatrix}4&2&3\\7&-1&6\\0&-3&3\end{vmatrix}=\begin{vmatrix}4&2&5\\7&-1&5\\0&-3&0\end{vmatrix}.$$

从而，$D=-3\times(-1)^{(3+2)}\times(-15)=-45$.

例 2.2.2　已知 $\begin{vmatrix}x_1&y_1&z_1\\x_2&y_2&z_2\\x_3&y_3&z_3\end{vmatrix}=3$，计算

$$\begin{vmatrix}2x_1+ky_1&y_1+4z_1&5z_1\\2x_2+ky_2&y_2+4z_2&5z_2\\2x_3+ky_3&y_3+4z_3&5z_3\end{vmatrix}.$$

解　利用行列式性质定理，可得

$$\begin{aligned}\begin{vmatrix}2x_1+ky_1&y_1+4z_1&5z_1\\2x_2+ky_2&y_2+4z_2&5z_2\\2x_3+ky_3&y_3+4z_3&5z_3\end{vmatrix}&\xlongequal{c_3\times\frac{1}{5}}5\times\begin{vmatrix}2x_1+ky_1&y_1+4z_1&z_1\\2x_2+ky_2&y_2+4z_2&z_2\\2x_3+ky_3&y_3+4z_3&z_3\end{vmatrix}\\&\xlongequal{c_2-4c_3}5\times\begin{vmatrix}2x_1+ky_1&y_1&z_1\\2x_2+ky_2&y_2&z_2\\2x_3+ky_3&y_3&z_3\end{vmatrix}\\&\xlongequal{c_1-kc_2}5\times\begin{vmatrix}2x_1&y_1&z_1\\2x_2&y_2&z_2\\2x_3&y_3&z_3\end{vmatrix}\\&\xlongequal{c_1\times\frac{1}{2}}5\times2\times\begin{vmatrix}x_1&y_1&z_1\\x_2&y_2&z_2\\x_3&y_3&z_3\end{vmatrix}=30.\end{aligned}$$

例 2.2.3　计算行列式

$$D=\begin{vmatrix}0&1&4&3\\1&-2&-2&2\\3&4&2&-2\\4&3&-2&3\end{vmatrix}.$$

解　有时候列交换是很有必要的，如下

$$D=\begin{vmatrix}0&1&4&3\\1&-2&-2&2\\3&4&2&-2\\4&3&-2&3\end{vmatrix}\underline{\underline{c_1\leftrightarrow c_2}}-\begin{vmatrix}1&0&4&3\\-2&1&-2&2\\4&3&2&-2\\3&4&-2&3\end{vmatrix}.$$

用第 1 列在第 1 行引入零：

$$D=-\begin{vmatrix}1&0&4&3\\-2&1&-2&2\\4&3&2&-2\\3&4&-2&3\end{vmatrix}\underline{\underline{\begin{matrix}c_3-4c_1\\c_4-3c_1\end{matrix}}}-\begin{vmatrix}1&0&0&0\\-2&1&6&8\\4&3&-14&-14\\3&4&-14&-6\end{vmatrix}$$

$$=-\begin{vmatrix}1&6&8\\3&-14&-14\\4&-14&-6\end{vmatrix}.$$

接着，在第 2 行引入零：

$$D=-\begin{vmatrix}1&6&8\\3&-14&-14\\4&-14&-6\end{vmatrix}\underline{\underline{r_2-r_3}}-\begin{vmatrix}1&6&8\\-1&0&-8\\4&-14&-6\end{vmatrix}$$

$$\underline{\underline{c_3-8c_1}}-\begin{vmatrix}1&6&0\\-1&0&0\\4&-14&-38\end{vmatrix}$$

$$=-\begin{vmatrix}6&0\\-14&-38\end{vmatrix}=228.$$

2.2.2 “三角化”计算行列式

这里介绍另一种计算行列式的方法，就是利用行列式的性质定理把行列式转化为三角形行列式进行计算．

例 2.2.4 利用行列式的性质定理计算行列式 D，其中

$$D=\begin{vmatrix}-2&3&-4&-6\\1&-2&3&2\\3&-6&3&4\\0&4&-2&6\end{vmatrix}.$$

解 将第 1 行和第 2 行互换，用第 1 行在第 1 列引入零：

$$D=\begin{vmatrix}-2&3&-4&-6\\1&-2&3&2\\3&-6&3&4\\0&4&-2&6\end{vmatrix}=-\begin{vmatrix}1&-2&3&2\\-2&3&-4&-6\\3&-6&3&4\\0&4&-2&6\end{vmatrix}=-\begin{vmatrix}1&-2&3&2\\0&-1&2&-2\\0&0&-6&-2\\0&4&-2&6\end{vmatrix}.$$

用第 2 行在第 2 列下方引入零：

$$D=-\begin{vmatrix}1 & -2 & 3 & 2\\0 & -1 & 2 & -2\\0 & 0 & -6 & -2\\0 & 4 & -2 & 6\end{vmatrix}=-\begin{vmatrix}1 & -2 & 3 & 2\\0 & -1 & 2 & -2\\0 & 0 & -6 & -2\\0 & 0 & 6 & -2\end{vmatrix}.$$

用第 3 行在第 3 列下方引入零：

$$D=-\begin{vmatrix}1 & -2 & 3 & 2\\0 & -1 & 2 & -2\\0 & 0 & -6 & -2\\0 & 0 & 6 & -2\end{vmatrix}=-\begin{vmatrix}1 & -2 & 3 & 2\\0 & -1 & 2 & -2\\0 & 0 & -6 & -2\\0 & 0 & 0 & -4\end{vmatrix}$$

$$=-1\times(-1)\times(-6)\times(-4)=24.$$

例 2.2.5　计算 n 阶行列式 $D=\begin{vmatrix}a & b & b & \cdots & b\\b & a & b & \cdots & b\\b & b & a & \cdots & b\\\vdots & \vdots & \vdots & & \vdots\\b & b & b & \cdots & a\end{vmatrix}$.

解　注意到该行列式中各行元素之和相等，把第 2 列到第 n 列的元素均加到第一列，得到

$$D=\begin{vmatrix}a+(n-1)b & b & b & \cdots & b\\a+(n-1)b & a & b & \cdots & b\\a+(n-1)b & b & a & \cdots & b\\\vdots & \vdots & \vdots & & \vdots\\a+(n-1)b & b & b & \cdots & a\end{vmatrix}=[a+(n-1)b\begin{vmatrix}1 & b & b & \cdots & b\\1 & a & b & \cdots & b\\1 & b & a & \cdots & b\\\vdots & \vdots & \vdots & & \vdots\\1 & b & b & \cdots & a\end{vmatrix}$$

$$=[a+(n-1)b]\begin{vmatrix}1 & b & b & \cdots & b\\0 & a-b & 0 & \cdots & 0\\0 & 0 & a-b & \cdots & 0\\\vdots & \vdots & \vdots & & \vdots\\0 & 0 & 0 & \cdots & a-b\end{vmatrix}$$

$$=[a+(n-1)b](a-b)^{n-1}.$$

最后，介绍一个非常重要的行列式，此结果可作为公式使用．

例 2.2.6　证明范德蒙德行列式

$$D_n=\begin{vmatrix}1 & 1 & 1 & \cdots & 1\\x_1 & x_2 & x_3 & \cdots & x_n\\x_1^2 & x_2^2 & x_3^2 & \cdots & x_n^2\\\vdots & \vdots & \vdots & & \vdots\\x_1^{n-1} & x_2^{n-1} & x_3^{n-1} & \cdots & x_n^{n-1}\end{vmatrix}=\prod_{1\leqslant j<i\leqslant n}(x_i-x_j),$$

其中记号“Π”表示全体同类因子的乘积．

证　利用数学归纳法证明．因为

$$D_2=\begin{vmatrix}1&1\\x_1&x_2\end{vmatrix}=(x_2-x_1)=\prod_{1\leqslant j<i\leqslant 2}(x_i-x_j),$$

所以当 $n=2$ 时，结论成立．假设对 $n-1$ 阶范德蒙德行列式，结论成立．现证对 n 阶范德蒙德行列式 D_n，结论也成立．

为此，将 D_n 降阶，从第 n 行开始，后行减去前一行的 x_1 倍，有

$$D_n=\begin{vmatrix}1&1&1&\cdots&1\\0&x_2-x_1&x_3-x_1&\cdots&x_n-x_1\\0&x_2(x_2-x_1)&x_3(x_3-x_1)&\cdots&x_n(x_n-x_1)\\\vdots&\vdots&\vdots&&\vdots\\0&x_2^{n-2}(x_2-x_1)&x_3^{n-2}(x_3-x_1)&\cdots&x_n^{n-2}(x_n-x_1)\end{vmatrix},$$

按第一列展开，并提出每列的公因子，有

$$D_n=\begin{vmatrix}x_2-x_1&x_3-x_1&\cdots&x_n-x_1\\x_2(x_2-x_1)&x_3(x_3-x_1)&\cdots&x_n(x_n-x_1)\\\vdots&\vdots&&\vdots\\x_2^{n-2}(x_2-x_1)&x_3^{n-2}(x_3-x_1)&\cdots&x_n^{n-2}(x_n-x_1)\end{vmatrix}$$

$$=(x_2-x_1)(x_3-x_1)\cdots(x_n-x_1)\begin{vmatrix}1&1&\cdots&1\\x_2&x_3&\cdots&x_n\\x_2^2&x_3^2&\cdots&x_n^2\\\vdots&\vdots&&\vdots\\x_2^{n-2}&x_3^{n-2}&\cdots&x_n^{n-2}\end{vmatrix},$$

上式右端的行列式是 $n-1$ 阶范德蒙德行列式，由归纳假设，它等于 $\prod\limits_{2\leqslant j<i\leqslant n}(x_i-x_j)$，因此 n 阶范德蒙德行列式

$$D_n=(x_2-x_1)(x_3-x_1)\cdots(x_n-x_1)\prod_{2\leqslant j<i\leqslant n}(x_i-x_j)=\prod_{1\leqslant j<i\leqslant n}(x_i-x_j).$$

习题 2.2

1. 计算下列行列式：

(1) $\begin{vmatrix}\sec^2\theta_1&1&\tan^2\theta_1\\\sec^2\theta_2&1&\tan^2\theta_2\\\sec^2\theta_3&1&\tan^2\theta_3\end{vmatrix}$；

(2) $\begin{vmatrix}2&3&4&1\\1&0&3&1\\2&1&3&0\\4&2&1&5\end{vmatrix}$；

(3) $\begin{vmatrix}1&-c&-b\\c&1&-a\\b&a&1\end{vmatrix}$；

(4) $\begin{vmatrix}a+b&b&b&b\\b&a-b&b&b\\b&b&a+b&b\\b&b&b&a-b\end{vmatrix}$.

2. 如果 $D=\begin{vmatrix} a_{11} & a_{12} & a_{13} \\ a_{21} & a_{22} & a_{23} \\ a_{31} & a_{32} & a_{33} \end{vmatrix}=1$，

$D_1=\begin{vmatrix} 2a_{11} & 3a_{11}-4a_{12} & a_{13} \\ 2a_{21} & 3a_{21}-4a_{22} & a_{23} \\ 2a_{31} & 3a_{31}-4a_{32} & a_{33} \end{vmatrix}$，则 $D_1=$( ).

(A) 6；

(B) −8；

(C) 12；

(D) −12.

2.3 克拉默（Cramer）法则

本节介绍如何利用 n 阶行列式来解含有 n 个未知量 n 个方程的线性方程组.

设有线性方程组

$$\begin{cases} a_{11}x_1+a_{12}x_2+\cdots+a_{1n}x_n=b_1, \\ a_{21}x_1+a_{22}x_2+\cdots+a_{2n}x_n=b_2, \\ \qquad\vdots \\ a_{n1}x_1+a_{n2}x_2+\cdots+a_{nn}x_n=b_n, \end{cases} \tag{2.3.1}$$

其系数 $a_{ij}(i,j=1,2,\cdots,n)$ 构成的行列式

$$D=\begin{vmatrix} a_{11} & a_{12} & \cdots & a_{1n} \\ a_{21} & a_{22} & \cdots & a_{2n} \\ \vdots & \vdots & & \vdots \\ a_{n1} & a_{n2} & \cdots & a_{nn} \end{vmatrix}$$

称为方程组（2.3.1）的系数行列式.

2.3.1 非齐次线性方程组

定义 2.5 如果在方程组（2.3.1）中 $b_i(i=1,2,\cdots,n)$ 不全为零，则称方程组（2.3.1）为非齐次线性方程组，并称 b_1，b_2，…，b_n为方程组（2.3.1）的常数项.

定理 2.8 （Cramer 法则）

如果 n 元线性方程组（2.3.1）的系数行列式 $D\neq0$，则方程组（2.3.1）有唯一解，且

$$x_1=\frac{D_1}{D},x_2=\frac{D_2}{D},\cdots,x_n=\frac{D_n}{D},$$

其中 $D_j(j=1,2,\cdots,n)$ 是把 D 的第 j 列元素 a_{1j}，a_{2j}，…，a_{nj} 用方程组（2.3.1）的常数项 b_1，b_2，…，b_n代替后所得到的 n

阶行列式，即

$$D_j=\begin{vmatrix} a_{11} & \cdots & a_{1,j-1} & b_1 & a_{1,j+1} & \cdots & a_{1n} \\ a_{21} & \cdots & a_{2,j-1} & b_2 & a_{2,j+1} & \cdots & a_{2n} \\ \vdots & & \vdots & \vdots & \vdots & & \vdots \\ a_{n1} & \cdots & a_{n,j-1} & b_n & a_{n,j+1} & \cdots & a_{nn} \end{vmatrix}.$$

例 2.3.1 求解线性方程组 $\begin{cases} x_1+2x_2+x_3-x_4=1, \\ x_1+x_2-2x_3+x_4=1, \\ x_1+x_2+x_4=2, \\ x_1-x_2+x_3=1. \end{cases}$

解 因为 $D=\begin{vmatrix} 1 & 2 & 1 & -1 \\ 1 & 1 & -2 & 1 \\ 1 & 1 & 0 & 1 \\ 1 & -1 & 1 & 0 \end{vmatrix}=10\neq 0$，故方程组有唯一解．又因为

$$D_1=\begin{vmatrix} 1 & 2 & 1 & -1 \\ 1 & 1 & -2 & 1 \\ 2 & 1 & 0 & 1 \\ 1 & -1 & 1 & 0 \end{vmatrix}=8, D_2=\begin{vmatrix} 1 & 1 & 1 & -1 \\ 1 & 1 & -2 & 1 \\ 1 & 2 & 0 & 1 \\ 1 & 1 & 1 & 0 \end{vmatrix}=3,$$

$$D_3=\begin{vmatrix} 1 & 2 & 1 & -1 \\ 1 & 1 & 1 & 1 \\ 1 & 1 & 2 & 1 \\ 1 & -1 & 1 & 0 \end{vmatrix}=5, D_4=\begin{vmatrix} 1 & 2 & 1 & 1 \\ 1 & 1 & -2 & 1 \\ 1 & 1 & 0 & 2 \\ 1 & -1 & 1 & 1 \end{vmatrix}=9,$$

所以方程组的解为

$$x_1=\frac{4}{5}, x_2=\frac{3}{10}, x_3=\frac{1}{2}, x_4=\frac{9}{10}.$$

2.3.2 齐次线性方程组

定义 2.6 对于方程组（2.3.1），如果 $b_i(i=1,2,\cdots,n)$全都为零，则称方程组（2.3.1）为齐次线性方程组，即

$$\begin{cases} a_{11}x_1+a_{12}x_2+\cdots+a_{1n}x_n=0, \\ a_{21}x_1+a_{22}x_2+\cdots+a_{2n}x_n=0, \\ \qquad\vdots \\ a_{n1}x_1+a_{n2}x_2+\cdots+a_{nn}x_n=0. \end{cases} \tag{2.3.2}$$

易知 $x_1=x_2=\cdots=x_n=0$ 一定是方程组（2.3.2）的解，这个

解称为方程组（2.3.2）的零解，也叫平凡解．如果一组不全为零的数是方程组（2.3.2）的解，则称它为方程组（2.3.2）的非零解，也叫非平凡解．齐次线性方程组（2.3.2）一定有零解，但不一定有非零解．

由 Cramer 法则，可得：

定理 2.9 如果齐次线性方程组（2.3.2）的系数行列式 $D\neq 0$，则它只有零解．

推论 2.4 如果齐次线性方程组（2.3.2）有非零解，则它的系数行列式 $D=0$.

该命题说明系数行列式为零是齐次线性方程组有非零解的必要条件，在下一章将证明这个条件也是充分的．

例 2.3.2 当 λ 取何值时，方程组 $\begin{cases}\lambda x_1+2x_2+2x_3=0,\\ 2x_1+\lambda x_2+2x_3=0,\\ 2x_1+2x_2+\lambda x_3=0\end{cases}$ 有非零解．

解 根据推论 2.4 可知，如果方程组有非零解，则该方方程组的系数行列式 $D=0$ 时，即

$$D=\begin{vmatrix}\lambda & 2 & 2\\ 2 & \lambda & 2\\ 2 & 2 & \lambda\end{vmatrix}=(\lambda+4)(\lambda-2)^2=0.$$

从而 $\lambda=-4$ 或 $\lambda=2$.

综上，当 $\lambda=-4$ 或 $\lambda=2$ 时，方程组有非零解．

习题 2.3

1. 利用克拉默法则求解下列方程组：

(1) $\begin{cases}x_1+2x_2-x_3+3x_4=2,\\ 2x_1-x_2+3x_3-2x_4=7,\\ 3x_2-x_3+x_4=6,\\ x_1-x_2+x_3+4x_4=-4;\end{cases}$

(2) $\begin{cases}ax_1+ax_2+bx_3=1,\\ ax_1+bx_2+ax_3=1,\\ bx_1+ax_2+ax_3=1,\end{cases}\left(a\neq b,\ -\dfrac{b}{2}\right).$

2. 判别下列齐次线性方程组是否有非零解？

(1) $\begin{cases}2x_1+2x_2-x_3=0,\\ x_1-2x_2+4x_3=0,\\ 5x_1+8x_2-2x_3=0;\end{cases}$

(2) $\begin{cases}x_1+2x_2+3x_3-x_4=0,\\ -x_1-3x_2-x_3+x_4=0,\\ 3x_1+2x_2+3x_3-x_4=0,\\ 2x_1+5x_2+4x_3-2x_4=0.\end{cases}$

2.4 利用行列式求逆矩阵

正如第 1 章所示，有些矩阵没有逆矩阵，本节将研究哪些矩阵是可逆矩阵并给出计算A^{-1}的方法．

定义 2.7 对于方阵

$$A=\begin{pmatrix} a_{11} & a_{12} & \cdots & a_{1n} \\ a_{21} & a_{22} & \cdots & a_{2n} \\ \vdots & \vdots & & \vdots \\ a_{n1} & a_{n2} & \cdots & a_{nn} \end{pmatrix},$$

称下式为方阵 A 的行列式 $|A|$，

$$|A|=\begin{vmatrix} a_{11} & a_{12} & \cdots & a_{1n} \\ a_{21} & a_{22} & \cdots & a_{2n} \\ \vdots & \vdots & & \vdots \\ a_{n1} & a_{n2} & \cdots & a_{nn} \end{vmatrix}.$$

由方阵 A 确定的行列式 $|A|$ 满足下述运算规律（A 和 B 是 $n\times n$ 矩阵，λ 为数）：

（ⅰ）$|A^{\mathrm{T}}|=|A|$；

（ⅱ）$|\lambda A|=\lambda^n|A|$；

（ⅲ）$|AB|=|A|\cdot|B|$．

类似地，分块对角矩阵 $A=\begin{pmatrix} A_1 & O & \cdots & O \\ O & A_2 & \cdots & O \\ \vdots & \vdots & & \vdots \\ O & O & \cdots & A_s \end{pmatrix}$ 的行列式具有下述性质：

$$|A|=|A_1||A_2|\cdots|A_s|.$$

由此性质可知，若 $|A_i|\neq 0(i=1,2,\cdots,s)$，则 $|A|\neq 0$.

定义 2.8 对于方阵 A，若 A 的行列式 $|A|\neq 0$，则称 A 为非奇异矩阵，否则称为奇异矩阵．

若矩阵 A 可逆，则一定存在矩阵 A^{-1}使得 $AA^{-1}=E$，故 $|A||A^{-1}|=|E|=1$，所以 $|A|\neq 0$. 因此，可逆矩阵一定是非奇异矩阵．那么，非奇异矩阵一定是可逆矩阵吗？

定义 2.9 行列式 $|A|$ 的各个元素的代数余子式A_{ij}所构成的如下矩阵（注意排列位置）

$$A^* = \begin{pmatrix} A_{11} & A_{21} & \cdots & A_{n1} \\ A_{12} & A_{22} & \cdots & A_{n2} \\ \vdots & \vdots & & \vdots \\ A_{1n} & A_{2n} & \cdots & A_{nn} \end{pmatrix},$$

称为矩阵 $\boldsymbol{A}$ 的伴随矩阵．有时 $\boldsymbol{A}^*$ 也表示为 $\boldsymbol{Adj}(\boldsymbol{A})$.

定理 2.10 $\boldsymbol{AA}^*=\boldsymbol{A}^*\boldsymbol{A}=|\boldsymbol{A}|\boldsymbol{E}$.

证 由定理 2.1 和定理 2.2 有

$$\boldsymbol{AA}^* = \begin{pmatrix} a_{11} & a_{12} & \cdots & a_{1n} \\ a_{21} & a_{22} & \cdots & a_{2n} \\ \vdots & \vdots & & \vdots \\ a_{n1} & a_{n2} & \cdots & a_{nn} \end{pmatrix}\begin{pmatrix} A_{11} & A_{21} & \cdots & A_{n1} \\ A_{12} & A_{22} & \cdots & A_{n2} \\ \vdots & \vdots & & \vdots \\ A_{1n} & A_{2n} & \cdots & A_{nn} \end{pmatrix}$$

$$= \begin{pmatrix} |\boldsymbol{A}| & 0 & \cdots & 0 \\ 0 & |\boldsymbol{A}| & \cdots & 0 \\ \vdots & \vdots & & \vdots \\ 0 & 0 & \cdots & |\boldsymbol{A}| \end{pmatrix}$$

$$=|\boldsymbol{A}|\boldsymbol{E}.$$

类似地，可证$\boldsymbol{A}^*\boldsymbol{A}=|\boldsymbol{A}|\boldsymbol{E}$.

定理 2.11 如果 $\boldsymbol{A}$ 是 $n\times n$ 的非奇异矩阵，那么

$$\boldsymbol{A}^{-1}=\frac{1}{|\boldsymbol{A}|}\boldsymbol{Adj}(\boldsymbol{A}).$$

定理 2.12 矩阵 $\boldsymbol{A}$ 可逆的充分必要条件为 $|\boldsymbol{A}|\neq 0$.

推论 2.5 若 $\boldsymbol{AB}=\boldsymbol{E}$（或 $\boldsymbol{BA}=\boldsymbol{E}$），则 $\boldsymbol{B}=\boldsymbol{A}^{-1}$.

证 $|\boldsymbol{A}|\cdot|\boldsymbol{B}|=|\boldsymbol{E}|=1$，故 $|\boldsymbol{A}|\neq 0$，因而 $\boldsymbol{A}^{-1}$存在，于是，

$$\boldsymbol{B}=\boldsymbol{EB}=(\boldsymbol{A}^{-1}\boldsymbol{A})\boldsymbol{B}=\boldsymbol{A}^{-1}(\boldsymbol{AB})=\boldsymbol{A}^{-1}\boldsymbol{E}=\boldsymbol{A}^{-1}.$$

例 2.4.1 设 $\boldsymbol{A}$ 为矩阵

$$\boldsymbol{A}=\begin{pmatrix} 1 & -1 & 2 \\ 4 & 1 & 3 \\ 2 & 1 & -3 \end{pmatrix},$$

求 $\boldsymbol{A}$ 的逆矩阵．

解 计算所需的 9 个代数余子式，得到

$$A_{11}=-6,\quad A_{12}=18,\quad A_{13}=2,$$
$$A_{21}=-1,\quad A_{22}=-7,\quad A_{23}=-3,$$
$$A_{31}=-5,\quad A_{32}=5,\quad A_{33}=5.$$

故伴随矩阵（代数余子式矩阵的转置）为

$$\boldsymbol{Adj}(\boldsymbol{A})=\begin{pmatrix}-6 & -1 & -5\\ 18 & -7 & 5\\ 2 & -3 & 5\end{pmatrix}.$$

做乘法即可得出 $\boldsymbol{A}$ 和 $\boldsymbol{Adj}(\boldsymbol{A})$ 的乘积为

$$\begin{pmatrix}-20 & 0 & 0\\ 0 & -20 & 0\\ 0 & 0 & -20\end{pmatrix}.$$

因此 $\boldsymbol{A}^{-1}=-(1/20)\boldsymbol{Adj}(\boldsymbol{A})$，显然这里 $|\boldsymbol{A}|=-20$，$\boldsymbol{A}$ 的逆矩阵为

$$\boldsymbol{A}^{-1}=-\frac{1}{20}\begin{pmatrix}-6 & -1 & -5\\ 18 & -7 & 5\\ 2 & -3 & 5\end{pmatrix}.$$

注：本题也可先求 $|\boldsymbol{A}|$ 的值，因为 $|\boldsymbol{A}|=-20\neq 0$，所以 $\boldsymbol{A}^{-1}$ 存在，再利用公式 $\boldsymbol{A}^{-1}=\frac{1}{|\boldsymbol{A}|}\boldsymbol{Adj}(\boldsymbol{A})$ 计算 $\boldsymbol{A}^{-1}$.

例 2.4.2 设

$$\boldsymbol{A}=\begin{pmatrix}1 & 2\\ 2 & 5\end{pmatrix},\boldsymbol{B}=\begin{pmatrix}1 & 2 & -1\\ 3 & 4 & -2\\ 5 & -4 & 1\end{pmatrix},\boldsymbol{C}=\begin{pmatrix}1 & 0 & -1\\ 1 & -2 & 0\end{pmatrix},$$

求矩阵 $\boldsymbol{X}$ 使得 $\boldsymbol{AXB}=\boldsymbol{C}$.

解 因 $|\boldsymbol{A}|=1$，$|\boldsymbol{B}|=2$，故 $\boldsymbol{A}$，$\boldsymbol{B}$ 均是可逆矩阵，且

$$\boldsymbol{A}^{-1}=\begin{pmatrix}5 & -2\\ -2 & 1\end{pmatrix},\boldsymbol{B}^{-1}=\begin{pmatrix}-2 & 1 & 0\\ -\frac{13}{2} & 3 & -\frac{1}{2}\\ -16 & 7 & -1\end{pmatrix}.$$

分别用 $\boldsymbol{A}^{-1}$ 和 $\boldsymbol{B}^{-1}$ 左乘和右乘方程两边得

$$\boldsymbol{X}=\boldsymbol{A}^{-1}\boldsymbol{C}\boldsymbol{B}^{-1}$$
$$=\begin{pmatrix}5 & -2\\ -2 & 1\end{pmatrix}\begin{pmatrix}1 & 0 & -1\\ 1 & -2 & 0\end{pmatrix}\begin{pmatrix}-2 & 1 & 0\\ -\frac{13}{2} & 3 & -\frac{1}{2}\\ -16 & 7 & -1\end{pmatrix}$$
$$=\begin{pmatrix}48 & -20 & 3\\ -17 & 7 & -1\end{pmatrix}.$$

例 2.4.3 设 $\boldsymbol{P}=\begin{pmatrix}1&3\\1&4\end{pmatrix}$，$\boldsymbol{\Lambda}=\begin{pmatrix}1&0\\0&3\end{pmatrix}$，$\boldsymbol{AP}=\boldsymbol{P\Lambda}$，求 $\boldsymbol{A}^n$.

解 $|\boldsymbol{P}|=1$，$\boldsymbol{P}^{-1}=\begin{pmatrix}4&-3\\-1&1\end{pmatrix}$，

$$\boldsymbol{A}=\boldsymbol{P\Lambda P}^{-1},\boldsymbol{A}^2=\boldsymbol{P\Lambda P}^{-1}\boldsymbol{P\Lambda P}^{-1}=\boldsymbol{P\Lambda}^2\boldsymbol{P}^{-1},\cdots,\boldsymbol{A}^n=\boldsymbol{P\Lambda}^n\boldsymbol{P}^{-1},$$

而

$$\boldsymbol{\Lambda}=\begin{pmatrix}1&0\\0&3\end{pmatrix},\boldsymbol{\Lambda}^2=\begin{pmatrix}1&0\\0&3\end{pmatrix}\begin{pmatrix}1&0\\0&3\end{pmatrix}=\begin{pmatrix}1&0\\0&3^2\end{pmatrix},\cdots,\boldsymbol{\Lambda}^n=\begin{pmatrix}1&0\\0&3^n\end{pmatrix},$$

故

$$\boldsymbol{A}^n=\begin{pmatrix}1&3\\1&4\end{pmatrix}\begin{pmatrix}1&0\\0&3^n\end{pmatrix}\begin{pmatrix}4&-3\\-1&1\end{pmatrix}=\begin{pmatrix}1&3^{n+1}\\1&4\times3^n\end{pmatrix}\begin{pmatrix}4&-3\\-1&1\end{pmatrix}$$

$$=\begin{pmatrix}4-3^{n+1}&-3+3^{n+1}\\4-4\times3^n&-3+4\times3^n\end{pmatrix}.$$

例 2.4.4 设 $\boldsymbol{A}=\begin{pmatrix}7&0&0\\0&3&2\\0&4&3\end{pmatrix}$，求 $\boldsymbol{A}^{-1}$.

解 因

$$\boldsymbol{A}=\begin{pmatrix}7&0&0\\0&3&2\\0&4&3\end{pmatrix}=\begin{pmatrix}\boldsymbol{A}_1&\boldsymbol{O}\\\boldsymbol{O}&\boldsymbol{A}_2\end{pmatrix},$$

$$\boldsymbol{A}_1=(7),\boldsymbol{A}_1^{-1}=\left(\frac{1}{7}\right);\boldsymbol{A}_2=\begin{pmatrix}3&2\\4&3\end{pmatrix},\boldsymbol{A}_2^{-1}=\begin{pmatrix}3&-2\\-4&3\end{pmatrix},$$

所以根据上一章介绍的分块对角矩阵的性质有

$$\boldsymbol{A}^{-1}=\begin{pmatrix}\frac{1}{7}&0&0\\0&3&-2\\0&-4&3\end{pmatrix}.$$

习题 2.4

1. 设 $\boldsymbol{A}=\begin{pmatrix}5&-2\\-3&1\end{pmatrix}$，求 $(\boldsymbol{A}^{-1})^{\mathrm{T}}$ 和 $(\boldsymbol{A}^{\mathrm{T}})^{-1}$.

2. 设矩阵 $\boldsymbol{A}=\begin{pmatrix}1&2&3\\2&2&1\\3&4&3\end{pmatrix}$，$\boldsymbol{A}^*$ 是 $\boldsymbol{A}$ 的伴随矩阵，则 $\boldsymbol{A}^*$ 中位于（1，3）的元素是________.

3. 若矩阵 $\boldsymbol{A}$ 为 2 阶方阵，且 $|\boldsymbol{A}|=\frac{1}{2}$，则 $|\boldsymbol{A}^{-1}|=$________.

总习题二

1. 利用行列式的性质定理计算行列式：

(1) $\begin{vmatrix} 1 & 2 & 3 \\ 3 & 1 & 2 \\ 2 & 3 & 1 \end{vmatrix}$；

(2) $\begin{vmatrix} a & b & a+b \\ b & a+b & a \\ a+b & a & b \end{vmatrix}$；

(3) $\begin{vmatrix} 2 & 2 & 1 \\ 4 & 1 & -1 \\ 202 & 199 & 101 \end{vmatrix}$；

(4) $\begin{vmatrix} a+x & x & x \\ x & b+x & x \\ x & x & c+x \end{vmatrix}$.

2. 计算行列式：

(1) $\begin{vmatrix} 1 & -2 & 0 & 3 \\ 4 & 7 & 2 & 0 \\ 5 & -2 & 0 & 0 \\ 1 & 0 & 0 & 0 \end{vmatrix}$；

(2) $\begin{vmatrix} a & 1 & 0 & 0 \\ -1 & b & 1 & 0 \\ 0 & -1 & c & 1 \\ 0 & 0 & -1 & d \end{vmatrix}$；

(3) $\begin{vmatrix} 1 & 2 & 3 & 2 \\ 2 & 0 & 1 & 3 \\ 3 & -1 & 0 & -1 \\ 9 & 1 & 5 & -2 \end{vmatrix}$；

(4) $\begin{vmatrix} 2 & 5 & 5 & 5 \\ 5 & 2 & 5 & 5 \\ 5 & 5 & 2 & 5 \\ 5 & 5 & 5 & 2 \end{vmatrix}$；

(5) $\begin{vmatrix} x & -1 & 0 & 0 \\ 0 & x & -1 & 0 \\ 0 & 0 & x & -1 \\ a_4 & a_3 & a_2 & x+a_1 \end{vmatrix}$；

(6) $\begin{vmatrix} 0 & x & y & z \\ x & 0 & z & y \\ y & z & 0 & x \\ z & y & x & 0 \end{vmatrix}$；

(7) $\begin{vmatrix} a^2 & (a+1)^2 & (a+2)^2 & (a+3)^2 \\ b^2 & (b+1)^2 & (b+2)^2 & (b+3)^2 \\ c^2 & (c+1)^2 & (c+2)^2 & (c+3)^2 \\ d^2 & (d+1)^2 & (d+2)^2 & (d+3)^2 \end{vmatrix}$.

3. 对任意实数 a，$a\neq 0$，证明：

$\begin{vmatrix} a+1 & a+4 & a+7 \\ a+2 & a+5 & a+8 \\ a+3 & a+6 & a+9 \end{vmatrix}=0$；$\begin{vmatrix} a & 4a & 7a \\ 2a & 5a & 8a \\ 3a & 6a & 9a \end{vmatrix}=0$；

$\begin{vmatrix} a & a^4 & a^7 \\ a^2 & a^5 & a^8 \\ a^3 & a^6 & a^9 \end{vmatrix}=0$.

4. 证明：

(1) $\begin{vmatrix} 1 & a & a^2 \\ 1 & b & b^2 \\ 1 & c & c^2 \end{vmatrix}=(b-a)(c-a)(c-b)$；

(2) $\begin{vmatrix} x^2 & xy & y^2 \\ 2x & x+y & 2y \\ 1 & 1 & 1 \end{vmatrix}=(x-y)^3$；

(3) $\begin{vmatrix} ax+by & ay+bz & az+bx \\ ay+bz & az+bx & ax+by \\ az+bx & ax+by & ay+bz \end{vmatrix}$

$=(a^3+b^3)\begin{vmatrix} x & y & z \\ y & z & x \\ z & x & y \end{vmatrix}$.

5. 求 4×4 行列式：

$\begin{vmatrix} 1 & a & a^2 & a^3 \\ 1 & b & b^2 & b^3 \\ 1 & c & c^2 & c^3 \\ 1 & d & d^2 & d^3 \end{vmatrix}$.

6. 计算下列行列式：

(1) $\begin{vmatrix} 1 & -1 & 2 & 1 \\ 2 & 0 & 3 & 2 \\ -2 & 1 & -1 & 4 \\ 1 & 3 & 0 & 1 \end{vmatrix}$；

(2) $\begin{vmatrix} 1 & 2 & 3 & 4 \\ 2 & 3 & 4 & 1 \\ 3 & 4 & 1 & 2 \\ 4 & 1 & 2 & 3 \end{vmatrix}$；

(3) $\begin{vmatrix} 2 & 1 & 0 & 0 \\ 1 & 2 & 1 & 0 \\ 0 & 1 & 2 & 1 \\ 0 & 0 & 1 & 2 \end{vmatrix}$；

(4) $\begin{vmatrix} 1 & 1 & 1 & 1 \\ 1 & 2 & 3 & 5 \\ 1 & 4 & 9 & 25 \\ 1 & 8 & 27 & 125 \end{vmatrix}$.

7. 利用克拉默法则求解下列方程组：

(1) $\begin{cases} 2x_1+3x_2=1, \\ x_1+2x_2=2; \end{cases}$

(2) $\begin{cases} 2x_1-3x_2+x_3=10, \\ x_1+4x_2-2x_3=-8, \\ 3x_1+2x_2-x_3=1; \end{cases}$

(3) $\begin{cases} x_1+2x_2+3x_3-2x_4=6, \\ 2x_1-x_2-2x_3-3x_4=8, \\ 3x_1+2x_2-x_3+2x_4=4, \\ 2x_1-3x_2+2x_3+x_4=-8; \end{cases}$

(4) $\begin{cases} 2x_1+x_2-5x_3+x_4=8, \\ x_1-3x_2-6x_4=9, \\ 2x_2-x_3+2x_4=-5, \\ x_1+4x_2-7x_3+6x_4=0. \end{cases}$

8. 当 λ 取何值时，方程组 $\begin{cases} \lambda x_1+x_2+x_3=0, \\ x_1+\lambda x_2+x_3=0, \\ x_1+x_2+\lambda x_3=0 \end{cases}$ 有非零解．

9. 设

$$D=\begin{vmatrix} 1 & 2 & 2 & -2 \\ 4 & 6 & 7 & 9 \\ -2 & 1 & 2 & 1 \\ 3 & -2 & 1 & 0 \end{vmatrix},$$

求 $A_{21}+A_{22}+A_{23}+A_{24}$.

10. 求下列矩阵的逆矩阵

(1) $\begin{pmatrix} 1 & 2 \\ 3 & 4 \end{pmatrix}$；

(2) $\begin{pmatrix} 2 & 2 & -1 \\ 1 & -2 & 4 \\ 5 & 8 & 2 \end{pmatrix}$；

(3) $\begin{pmatrix} 1 & 2 & 2 \\ 2 & 1 & -2 \\ 2 & -2 & 1 \end{pmatrix}$；

(4) $\begin{pmatrix} 2 & 1 & 3 \\ 0 & 1 & 2 \\ 1 & 0 & 3 \end{pmatrix}$；

(5) $\begin{pmatrix} 0 & 0 & 0 & 5 & 2 \\ 0 & 0 & 0 & 2 & 1 \\ 3 & 0 & 0 & 0 & 0 \\ 0 & 2 & 0 & 0 & 0 \\ 0 & 0 & 1 & 0 & 0 \end{pmatrix}$.

11. 设

$$\boldsymbol{A}=\begin{pmatrix} 1 & 2 & 3 \\ 2 & 2 & 1 \\ 3 & 4 & 3 \end{pmatrix},\boldsymbol{B}=\begin{pmatrix} 2 & 1 \\ 5 & 3 \end{pmatrix},\boldsymbol{C}=\begin{pmatrix} 1 & 3 \\ 2 & 0 \\ 3 & 1 \end{pmatrix},$$

求矩阵 $\boldsymbol{X}$ 使满足 $\boldsymbol{AXB}=\boldsymbol{C}$.

12. 设 $\boldsymbol{P}^{-1}\boldsymbol{AP}=\boldsymbol{\Lambda}$，其中 $\boldsymbol{P}=\begin{pmatrix} -1 & -4 \\ 1 & 1 \end{pmatrix}$，$\boldsymbol{\Lambda}=\begin{pmatrix} -1 & 0 \\ 0 & 2 \end{pmatrix}$，求 $\boldsymbol{A}^{11}$.

13. 证明：

$$\begin{vmatrix} 1 & a & a^3 \\ 1 & b & b^3 \\ 1 & c & c^3 \end{vmatrix}=(a+b+c)(b-a)(c-a)(c-b).$$

第 3 章 线性方程组

线性方程组是科学和工程技术中常用的工具，也是线性代数的重要内容．本章将线性方程组表示成矩阵-向量形式，进而讨论它的解法，并解决线性方程组的解的存在性和唯一性等问题．

3.1 线性方程组和矩阵

在现实生活中，大多数问题都依赖于多个变量．例如一个产品生产商的利润不仅依赖于原材料成本，同时也依赖于劳动成本、运输成本等其他变量．对利润的实际表示应该包含所有这些变量．用数学的语言来说，利润是一个多变量函数．

在线性代数中最简单的多变量函数是线性函数．而本章将从研究线性方程入手．例如，方程

$$x_1+2x_2+2x_3=1$$

就是线性方程的一个例子，而 $x_1=1$，$x_2=1$，$x_3=-1$ 是该方程的一个解．一般地，关于 n 个变量的线性方程，是指具有式（3.1.1）形式的方程

$$a_1x_1+a_2x_2+\cdots+a_nx_n=b. \tag{3.1.1}$$

在方程（3.1.1）中，系数 a_1，a_2，…，a_n 以及常数项 b 是已知的，x_1，x_2，…，x_n 表示变量．方程（3.1.1）的一个解，是指任意这样的数列 c_1，c_2，…，c_n，当 $x_1=c_1$，$x_2=c_2$，…，$x_n=c_n$ 时，式（3.1.1）成立．

方程（3.1.1）被称为线性的，是因为它的每一项关于变量 x_1，x_2，…，x_n 都是一次的．

例 3.1.1 判断下列哪些方程是线性的．

①$x_1+x_2^{\frac{1}{3}}=2$；　②$3x_1+\tan x_2=0$；

③$x_1x_2+2x_1=4$；　④$x_1+3x_2=1$.

解 只有方程④是线性的．$x_2^{\frac{1}{3}}$，$\tan x_2$ 以及 x_1x_2 都是非线性的．

3.1.1 线性方程组的求解

本章的目的是求一个或多个线性方程构成的线性方程组的

解．下面给出三个线性方程组的例子．

① $\begin{cases} x_1-x_2=3, \\ x_1+x_2=5; \end{cases}$　② $\begin{cases} x_1+x_2-3x_3=-12, \\ x_1-x_2+x_3=6; \end{cases}$

③ $\begin{cases} 4x_1-3x_2=1, \\ 8x_1-6x_2=8. \end{cases}$

不难验证 $x_1=4$，$x_2=1$ 是线性方程组①的一个解．实际上，也可证明这是线性方程组①的唯一解．另一方面，$x_1=-2$，$x_2=-7$，$x_3=1$ 以及 $x_1=0$，$x_2=-3$，$x_3=3$ 都是线性方程组②的解．实际上，通过直接代入检验可以证明，任选一个 x_3，令 $x_1=x_3-3$，$x_2=2x_3-9$ 都可以得到线性方程组②的一个解．因此，线性方程组②有无穷多个解．最后，观察线性方程组③中的第二个方程，两边同时除以 2，化简成 $4x_1-3x_2=4$，而第一个方程要求 $4x_1-3x_2=1$，故不存在同时满足这两个方程的 x_1 和 x_2．

一般地，$m\times n$ 线性方程组是指如式（3.1.2）形式的一组方程：

$$\begin{cases} a_{11}x_1+a_{12}x_2+\cdots+a_{1n}x_n=b_1, \\ a_{21}x_1+a_{22}x_2+\cdots+a_{2n}x_n=b_2, \\ \quad\vdots \\ a_{m1}x_1+a_{m2}x_2+\cdots+a_{mn}x_n=b_m. \end{cases} \tag{3.1.2}$$

例如，3×3 线性方程组的一般形式为

$$\begin{cases} a_{11}x_1+a_{12}x_2+a_{13}x_3=b_1, \\ a_{21}x_1+a_{22}x_2+a_{23}x_3=b_2, \\ a_{31}x_1+a_{32}x_2+a_{33}x_3=b_3. \end{cases}$$

线性方程组（3.1.2）的一个解，是指同时满足线性方程组中每个方程的解．为了给每个系数提供一个“名字”，在系数中采用双下标的形式是很有必要的．例如，a_{21} 作为 x_1 的系数出现在方程组（3.1.2）的第二个方程中．

例 3.1.2　回答下列关于线性方程组

$$\begin{cases} x_1+x_2+x_3=6, \\ x_1-2x_2+x_3=3, \\ 2x_1+x_2+3x_3=14 \end{cases}$$

的问题．

① 写出 x_1 的系数 a_{11}，a_{21}，a_{31}．

② 验证 $x_1=2$，$x_2=1$，$x_3=3$ 是该线性方程组的一个解．

解　① 线性方程组中 x_1 的系数 $a_{11}=1$，$a_{21}=1$，$a_{31}=2$.

② 代入 $x_1=2$，$x_2=1$，$x_3=3$ 得到

$$2+1+3=6,$$
$$2-2\times1+3=3,$$
$$2\times2+1+3\times3=14.$$

3.1.2 线性方程组解集的几何解释

运用几何知识，可以得到关于线性方程组解集的一个初始表示．例如，考虑一般的 2×2 线性方程组

$$\begin{cases}a_{11}x_1+a_{12}x_2=b_1,\\a_{21}x_1+a_{22}x_2=b_2,\end{cases}$$

其中 a_{11}，a_{12} 不同时为零，a_{21}，a_{22} 不同时为零．从几何上看，每个方程的解集都可以用平面上的一条直线表示．因此，线性方程组的一个解，对应于这两条直线的一个交点 (x_1,x_2)．根据这一几何解释，可以确定以下三种可能：

1. 两条直线重合（同一条直线），所以有无穷多个解．
2. 两条直线平行（永不相交），所以没有解．
3. 两条直线相交于一点，所以有唯一解．

下面的例 3.1.3 给出了上述三种关系，几何表示见图 3.1.1.

例 3.1.3 给出下列线性方程组的几何表示．

① $\begin{cases}x_1-x_2=1,\\2x_1-2x_2=2;\end{cases}$ ② $\begin{cases}x_1-x_2=1,\\x_1-x_2=3;\end{cases}$ ③ $\begin{cases}x_1-x_2=1,\\x_1+x_2=3.\end{cases}$

解 这三个线性方程组的几何表示见图 3.1.1a～c.

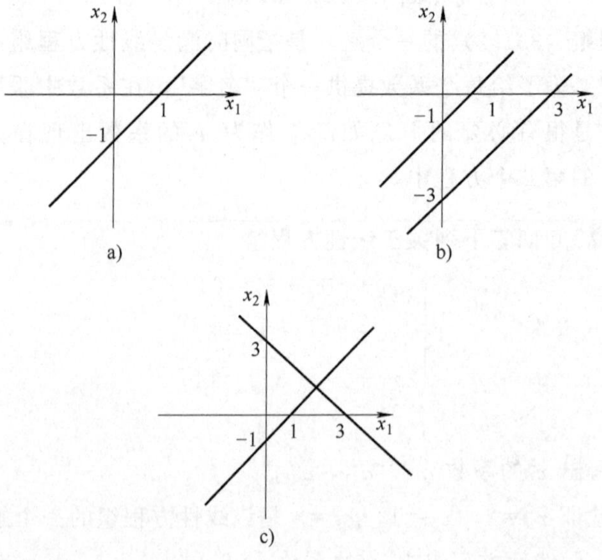

图 3.1.1

三个变量的线性方程 $ax_1+bx_2+cx_3=d$ 的图像是三维空间的一个平面（其中 a，b，c 不全为零）．下面考虑一般的 2×3 线性方程组：

$$\begin{cases}a_{11}x_1+a_{12}x_2+a_{13}x_3=b_1,\\a_{21}x_1+a_{22}x_2+a_{23}x_3=b_2.\end{cases}$$

因为每个方程的解集都可以用一个平面表示，所以有以下两种可能：

1. 两个平面重合或者交于一条直线．这两种情况下，线性方程组有无穷多个解．

2. 两个平面平行．这种情况下，线性方程组无解．

注：对于一般的 2×3 线性方程组来说，唯一解的可能性是不存在．

作为本部分最后一个例子，考虑一般的 3×3 线性方程组：

$$\begin{cases}a_{11}x_1+a_{12}x_2+a_{13}x_3=b_1,\\a_{21}x_1+a_{22}x_2+a_{23}x_3=b_2,\\a_{31}x_1+a_{32}x_2+a_{33}x_3=b_3.\end{cases}$$

如果把这个 3×3 线性方程组看作是三个平面，那么从几何的角度很容易看出，有三种可能：无穷多个解、无解、唯一解．如果三个平面中有两个平面平行，那么即使第三个平面有可能跟这两个平行的平面都相交，线性方程组仍然无解．解集情况的几何解释见图 3.1.2.

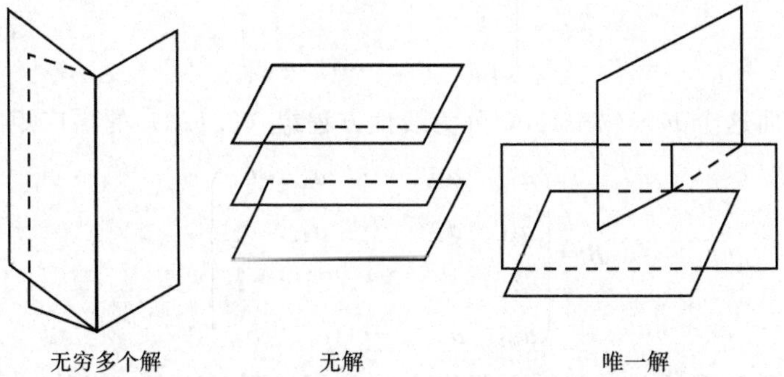

图　3.1.2

注：通常一个 $m\times n$ 线性方程组或者有无穷多个解，或者无解，或者有唯一解．

如果线性方程组至少有一个解，则称它是相容的．如果线性方程组无解，则称它是不相容的．根据前面的注，相容的线性方程组或者有一个解，或者有无穷多个解．

3.1.3 线性方程组的矩阵表示

下面介绍如何用矩阵来表示线性方程组，考虑 3×3 线性方程组

$$\begin{cases}x_1-2x_2+3x_3=3,\\3x_1-x_2+5x_3=2,\\2x_1+x_2+2x_3=3.\end{cases}$$

如果把这个线性方程组的系数和常数项写成矩阵的形式

$$\boldsymbol{B}=\begin{pmatrix}1 & -2 & 3 & 3\\3 & -1 & 5 & 2\\2 & 1 & 2 & 3\end{pmatrix},$$

那么线性方程组的全部信息都可以由这个矩阵表示出来，并称矩阵 $\boldsymbol{B}$ 为该线性方程组的增广矩阵．

一般地，对于 $m\times n$ 线性方程组

$$\begin{cases}a_{11}x_1+a_{12}x_2+\cdots a_{1n}x_n=b_1,\\a_{21}x_1+a_{22}x_2+\cdots a_{2n}x_n=b_2,\\\qquad\vdots\\a_{m1}x_1+a_{m2}x_2+\cdots a_{mn}x_n=b_m,\end{cases}\tag{3.1.3}$$

称下面这个 $m\times n$ 矩阵为线性方程组（3.1.3）的系数矩阵，

$$\boldsymbol{A}=\begin{pmatrix}a_{11} & a_{12} & \cdots & a_{1n}\\a_{21} & a_{22} & \cdots & a_{2n}\\\vdots & \vdots & & \vdots\\a_{m1} & a_{m2} & \cdots & a_{mn}\end{pmatrix};$$

称下面这个 $m\times(n+1)$ 矩阵为线性方程组（3.1.3）的增广矩阵，

$$\boldsymbol{B}=\begin{pmatrix}a_{11} & a_{12} & \cdots & a_{1n} & b_1\\a_{21} & a_{22} & \cdots & a_{2n} & b_2\\\vdots & \vdots & & \vdots & \vdots\\a_{m1} & a_{m2} & \cdots & a_{mn} & b_m\end{pmatrix}.$$

注意到 $\boldsymbol{B}$ 只不过是将系数矩阵 $\boldsymbol{A}$ 增加了一列，这多出来的一列正是线性方程组（3.1.3）的常数项．增广矩阵 $\boldsymbol{B}$ 通常记成 $(\boldsymbol{A}|\boldsymbol{b})$，其中 $\boldsymbol{A}$ 是系数矩阵，而

$$\boldsymbol{b}=\begin{pmatrix}b_1\\b_2\\\vdots\\b_m\end{pmatrix}.$$

例 3.1.4　已知系数矩阵 $\boldsymbol{A}$ 和增广矩阵 $\boldsymbol{B}$ 为

$$\boldsymbol{A}=\begin{pmatrix}1 & 2 & -2\\ 4 & 5 & 3\\ 3 & -1 & 1\end{pmatrix},\quad \boldsymbol{B}=\begin{pmatrix}1 & 2 & -2 & 7\\ 4 & 5 & 3 & 12\\ 3 & -1 & 1 & 5\end{pmatrix},$$

写出它们所表示的线性方程组．

解　由系数矩阵 $\boldsymbol{A}$ 和增广矩阵 $\boldsymbol{B}=(\boldsymbol{A}|\boldsymbol{b})$ 知该线性方程组为

$$\begin{cases} x_1+2x_2-2x_3=7,\\ 4x_1+5x_2+3x_3=12,\\ 3x_1-x_2+x_3=5.\end{cases}$$

3.1.4 通过初等变换化简线性方程组

一般地，求解一个 $m\times n$ 线性方程组涉及两个步骤：

1. 线性方程组的化简（即消去变量）．

2. 解集的描述．

化简的目的是通过消去未知变量来简化给定的线性方程组．当然，化简后的线性方程组要与原来的线性方程组有相同的解集，这一点是很重要的．

定义 3.1　若包含 n 个未知变量的两个线性方程组有相同的解集，则称它们是同解的．

下列三种变换称为初等变换，它们可以用来化简线性方程组．

1. 交换两个方程；

2. 用非零的数量乘一个方程；

3. 把一个方程的常数倍加到另一个方程．

定理 3.1　如果对于一个线性方程组施以如上的初等变换之一，那么得到的线性方程组与原来的线性方程组同解．

上述初等变换可用如下记号表示：

记号	初等变换
$E_i\leftrightarrow E_j$	第 i 个和第 j 个方程互换；
kE_i	用非零数量 k 乘第 i 个方程；
E_i+kE_j	第 j 个方程乘数量 k 加到第 i 个方程．

下面举个简单的例子来说明如何使用初等变换求解线性方程组.

例 3.1.5 用初等变换求解线性方程组

$$\begin{cases} 2x_1+3x_2=10, \\ 2x_1-\ x_2=2. \end{cases}$$

解 初等变换 E_1+3E_2 可得如下同解的线性方程组：

$$\begin{cases} 8x_1 \qquad =16, \\ 2x_1-x_2=2. \end{cases}$$

由初等变换 $\left(\frac{1}{8}\right)E_1$ 推出

$$\begin{cases} x_1 \qquad =2, \\ 2x_1-x_2=2. \end{cases}$$

由初等变换 $E_2+(-2)E_1$ 推出

$$\begin{cases} x_1=2, \\ x_2=2. \end{cases}$$

由定理 3.1 知，上面这个线性方程组与原线性方程组同解，故原线性方程组的解是 $x_1=2$，$x_2=2$.

注： 例 3.1.5 给出了求解线性方程组的一个系统方法，这种方法被称为高斯-若尔当消元法．

3.1.5 初等行变换

如前所述，可以用增广矩阵作为线性方程组的一个简便表示，方程变成了增广矩阵中的行．为此，引入下列术语．

定义 3.2 下列对矩阵的行施行的变换称为初等行变换：

1. 交换两行；
2. 用非零的数量乘某一行；
3. 把某一行的常数倍加到另一行．

和之前一样，采用下面的记号：

记号	初等行变换
$R_i\leftrightarrow R_j$	第 i 行和第 j 行互换；
kR_i	用非零数量 k 乘第 i 行；
R_i+kR_j	用第 j 行乘数量 k 加到第 i 行．

类似地，可以给出矩阵的初等列变换的定义．矩阵的初等行变换与初等列变换统称为矩阵的初等变换．如果两个 $m\times n$ 矩阵 $\boldsymbol{B}$ 和 $\boldsymbol{C}$，其中一个可以通过对另一个做一系列初等行变换得到，那么称这两个矩阵是行等价的．若 $\boldsymbol{B}$ 是一个线性方程组的增广矩阵，且 $\boldsymbol{C}$ 与 $\boldsymbol{B}$ 是行等价的，那么 $\boldsymbol{C}$ 一定是一个同解的线性方程组的增广矩阵．这是因为矩阵行变换完全复制了方程的初等变换．

因此，可以通过如下步骤求解一个线性方程组：

1. 写出线性方程组的增广矩阵 $\boldsymbol{B}$；

2. 用初等行变换把 $\boldsymbol{B}$ 变成一个行等价的矩阵 $\boldsymbol{C}$，这里 $\boldsymbol{C}$ 是一个"更简单"的线性方程组的增广矩阵；

3. 求解 $\boldsymbol{C}$ 所表示的"更简单"的线性方程组.

下例给出了如何用初等行变换化简增广矩阵与用初等变换化简对应的线性方程组，这两者是完全类似的.

例 3.1.6 考虑 3×3 线性方程组

$$\begin{cases}2x_1+2x_2+x_3=3,\\ x_1+2x_2+3x_3=5,\\ 3x_1+4x_2+3x_3=6.\end{cases}$$

用方程的初等变换来化简线性方程组，同时用初等行变换来化简该线性方程组的增广矩阵.

解 在左边栏用初等变换化简给定的线性方程组；在右边栏对增广矩阵施以类似的初等行变换. 在此过程中，左边栏得到的线性方程组都与原线性方程组同解，而右边栏对应的矩阵就是左边栏线性方程组的增广矩阵.

首先使第一个方程中 x_1 的系数为 1，然后从其余的方程中消去 x_1，这可以通过以下步骤完成：

方程组： 增广矩阵：

$$\begin{cases}2x_1+2x_2+x_3=3,\\ x_1+2x_2+3x_3=5,\\ 3x_1+4x_2+3x_3=6\end{cases}\qquad \begin{pmatrix}2&2&1&3\\1&2&3&5\\3&4&3&6\end{pmatrix}$$

$E_1\leftrightarrow E_2$： $R_1\leftrightarrow R_2$：

$$\begin{cases}x_1+2x_2+3x_3=5,\\ 2x_1+2x_2+x_3=3,\\ 3x_1+4x_2+3x_3=6\end{cases}\qquad \begin{pmatrix}1&2&3&5\\2&2&1&3\\3&4&3&6\end{pmatrix}$$

E_2-2E_1： R_2-2R_1：

$$\begin{cases}x_1+2x_2+3x_3=5,\\ \quad -2x_2-5x_3=-7,\\ 3x_1+4x_2+3x_3=6\end{cases}\qquad \begin{pmatrix}1&2&3&5\\0&-2&-5&-7\\3&4&3&6\end{pmatrix}$$

E_3-3E_1： R_3-3R_1：

$$\begin{cases}x_1+2x_2+3x_3=5,\\ \quad -2x_2-5x_3=-7,\\ \quad -2x_2-6x_3=-9\end{cases}\qquad \begin{pmatrix}1&2&3&5\\0&-2&-5&-7\\0&-2&-6&-9\end{pmatrix}$$

现在变量 x_1 已经从第二个和第三个方程中消失了. 接下来，再从第一个和第三个方程中消去 x_2，并使第二个方程中 x_2 的系数为1. 这可以通过以下步骤完成：

E_1+E_2：

$$\begin{cases}x_1 \quad\quad -2x_3=-2,\\ \quad -2x_2-5x_3=-7,\\ \quad -2x_2-6x_3=-9,\end{cases}$$

R_1+R_2：

$$\begin{pmatrix}1 & 0 & -2 & -2\\ 0 & -2 & -5 & -7\\ 0 & -2 & -6 & -9\end{pmatrix},$$

E_3-E_2：

$$\begin{cases}x_1 \quad\quad -2x_3=-2,\\ \quad -2x_2-5x_3=-7,\\ \quad\quad\quad -x_3=-2,\end{cases}$$

R_3-R_2：

$$\begin{pmatrix}1 & 0 & -2 & -2\\ 0 & -2 & -5 & -7\\ 0 & 0 & -1 & -2\end{pmatrix},$$

$-\frac{1}{2}E_2$：

$$\begin{cases}x_1 - 2x_3=-2,\\ x_2+\frac{5}{2}x_3=\frac{7}{2},\\ \quad -x_3=-2,\end{cases}$$

$-\frac{1}{2}R_2$：

$$\begin{pmatrix}1 & 0 & -2 & -2\\ 0 & 1 & \frac{5}{2} & \frac{7}{2}\\ 0 & 0 & -1 & -2\end{pmatrix}.$$

现在变量 x_2 已经从第一个和第三个方程中消失了. 接下来，将从第一个和第二个方程中消去 x_3，并将第三个方程里 x_3 的系数化为1.

方程组：

$(-1)\ E_3$：

$$\begin{cases}x_1 - 2x_3=-2,\\ x_2+\frac{5}{2}x_3=\frac{7}{2},\\ \quad x_3=2,\end{cases}$$

增广矩阵：

$(-1)\ R_3$：

$$\begin{pmatrix}1 & 0 & -2 & -2\\ 0 & 1 & \frac{5}{2} & \frac{7}{2}\\ 0 & 0 & 1 & 2\end{pmatrix},$$

E_1+2E_3：

$$\begin{cases}x_1 \quad\quad =2,\\ x_2+\frac{5}{2}x_3=\frac{7}{2},\\ \quad x_3=2,\end{cases}$$

R_1+2R_3：

$$\begin{pmatrix}1 & 0 & 0 & 2\\ 0 & 1 & \frac{5}{2} & \frac{7}{2}\\ 0 & 0 & 1 & 2\end{pmatrix},$$

$E_2-\frac{5}{2}E_3$：

$$\begin{cases}x_1 \quad =2,\\ x_2 \quad =-\frac{3}{2},\\ \quad x_3=2.\end{cases}$$

$R_2-\frac{5}{2}R_3$：

$$\begin{pmatrix}1 & 0 & 0 & 2\\ 0 & 1 & 0 & -\frac{3}{2}\\ 0 & 0 & 1 & 2\end{pmatrix}.$$

最后一个线性方程组存在唯一解 $x_1=2$，$x_2=-\frac{3}{2}$，$x_3=2$. 因为最后的线性方程组与原来的线性方程组同解，所以它们有相同的解集．

例 3.1.6 表明行等价的增广矩阵表示的是同解的线性方程组．因此

推论 3.1　假设 $(\boldsymbol{A}|\boldsymbol{b})$ 和 $(\boldsymbol{B}|\boldsymbol{d})$ 是增广矩阵，分别代表不同的 $m\times n$ 线性方程组．如果 $(\boldsymbol{A}|\boldsymbol{b})$ 和 $(\boldsymbol{B}|\boldsymbol{d})$ 是行等价矩阵，那么这两个线性方程组同解．

习题 3.1

1. 写出下列线性方程组的增广矩阵．

(1) $\begin{cases} 3x_3=1, \\ 2x_1+x_2-x_3=2, \\ 4x_1+2x_2+3x_3=1, \\ -2x_1-x_2+4x_3=-3; \end{cases}$

(2) $\begin{cases} 5x_1+4x_3+2x_4=3, \\ x_1-x_2+2x_3+x_4=1, \\ 4x_1+x_2+2x_3=1, \\ x_1+x_2+x_3+x_4=2. \end{cases}$

2. 用方程的初等变换求解下列线性方程组，同时用初等行变换化简线性方程组的增广矩阵．

(1) $\begin{cases} 2x_1+x_2+x_3=1, \\ x_1+2x_2+x_3=2, \\ x_1+x_2+2x_3=4; \end{cases}$

(2) $\begin{cases} x_1-2x_2+3x_3-4x_4=4, \\ x_2-x_3+x_4=-3, \\ x_1+3x_2+x_4=1, \\ -7x_2+3x_3+x_4=-3. \end{cases}$

3.2　阶梯形矩阵

如上一节所示，求解一个线性方程组实际上就是用初等行变换化简其对应的增广矩阵，然后求解化简后的矩阵所表示的同解线性方程组．

3.2.1　阶梯形矩阵的定义

在例 3.1.6 中，令 $\boldsymbol{B}_1=\begin{pmatrix} 1 & 0 & -2 & -2 \\ 0 & -2 & -5 & -7 \\ 0 & 0 & -1 & -2 \end{pmatrix}$，$\boldsymbol{B}_2=\begin{pmatrix} 1 & 0 & 0 & 2 \\ 0 & 1 & 0 & -\frac{3}{2} \\ 0 & 0 & 1 & 2 \end{pmatrix}$．它们的共同特点是：都可画出一条从第一行某元素左侧的竖线开始到最后一行某元素下方的横线结束的阶梯线，阶梯线的下方全为零；每段竖线的高度为一行；阶梯线的竖线后面是非零行的第一个非零元素（称这个非零元素为非零行的首非零元素）．具有这样特点的矩阵称为行阶梯形矩阵，即

定义 3.3 若非零矩阵满足（ⅰ）非零行在零行的上面；（ⅱ）非零行的首非零元素所在列在上一行（如果存在的话）的首非零元素所在列的后面，则称此矩阵为行阶梯形矩阵．

通俗地讲，如果矩阵 $\boldsymbol{A}$ 的非零元素是一种类似楼梯台阶的形式，那么就称 $\boldsymbol{A}$ 是行阶梯形矩阵．例如

$$\boldsymbol{A}=\begin{pmatrix}1&2&3&1&0&-3&0\\0&0&2&5&-2&1&2\\0&0&0&3&-3&2&8\\0&0&0&0&0&2&-5\\0&0&0&0&0&0&0\end{pmatrix},\boldsymbol{B}=\begin{pmatrix}0&1&2&-3&4\\0&0&1&-7&2\\0&0&0&0&3\end{pmatrix}.$$

显然矩阵 $\boldsymbol{B}_2=\begin{pmatrix}1&0&0&2\\0&1&0&-\frac{3}{2}\\0&0&1&2\end{pmatrix}$ 还满足（ⅲ）非零行的第一个非零元素为 1；（ⅳ）首非零元素所在的列的其他元素都为零．

定义 3.4 若非零矩阵满足（ⅰ），（ⅱ），（ⅲ），（ⅳ），则称此矩阵为行最简形矩阵．

如

$$\boldsymbol{A}=\begin{pmatrix}1&0&0&1\\0&1&0&5\\0&0&1&-3\end{pmatrix},\boldsymbol{B}=\begin{pmatrix}1&3&0&2&9\\0&0&1&6&4\\0&0&0&0&0\end{pmatrix}$$

都是行最简形矩阵．

例 3.2.1 判断下列哪些矩阵是行阶梯形矩阵，哪些矩阵是行最简形矩阵．

$$\boldsymbol{A}=\begin{pmatrix}1&0&3\\0&4&3\\5&2&2\end{pmatrix},\boldsymbol{B}=\begin{pmatrix}1&-1&3\\0&-2&5\\0&0&-1\end{pmatrix},\boldsymbol{C}=\begin{pmatrix}1\\0\\0\end{pmatrix},$$

$$\boldsymbol{D}=\begin{pmatrix}1&1&2&-3\\0&1&0&2\\0&0&-1&-3\\0&0&0&1\end{pmatrix},\boldsymbol{E}=\begin{pmatrix}1&0&0\\0&1&0\\0&0&1\end{pmatrix},\boldsymbol{F}=(0\quad 0\quad 1).$$

解 $\boldsymbol{A}$ 不是行阶梯形矩阵；$\boldsymbol{B}$，$\boldsymbol{D}$ 是行阶梯形矩阵但不是行最简形矩阵；$\boldsymbol{C}$，$\boldsymbol{E}$，$\boldsymbol{F}$ 是行最简形矩阵．

3.2.2 化简为阶梯形矩阵

定理 3.2　对于任意的非零矩阵 $\boldsymbol{A}_{m\times n}$，总可以经有限次初等行变换把它变为行阶梯形矩阵以及行最简形矩阵．

下例给出了将矩阵 $\boldsymbol{A}$ 转化为行最简形矩阵 $\boldsymbol{B}$ 的具体步骤．

例 3.2.2　用初等行变换把矩阵

$$\boldsymbol{A}=\begin{pmatrix}2 & -1 & 0 & 4 & 6\\ 1 & -2 & -2 & 0 & 4\\ 2 & 4 & 2 & 4 & -4\\ 3 & 3 & 6 & 3 & 4\end{pmatrix}$$

化成行最简形矩阵．

解　交换第一行与第二行，使得第一行的首非零元素为 1；⊖ 再用$\frac{1}{2}$乘以第三行的每个元素，便于计算．

$$\boldsymbol{A}\xrightarrow[R_3\times\frac{1}{2}]{R_1\leftrightarrow R_2}\begin{pmatrix}1 & -2 & -2 & 0 & 4\\ 2 & -1 & 0 & 4 & 6\\ 1 & 2 & 1 & 2 & -2\\ 3 & 3 & 6 & 3 & 4\end{pmatrix}$$

把第一行的适当倍数加到其他行，使得第一行的首非零元素 1 的下方元素都为 0.

$$\xrightarrow[\substack{R_3-R_1\\ R_4-3R_1}]{R_2-2R_1}\begin{pmatrix}1 & -2 & -2 & 0 & 4\\ 0 & 3 & 4 & 4 & -2\\ 0 & 4 & 3 & 2 & -6\\ 0 & 9 & 12 & 3 & -8\end{pmatrix}$$

用（−1）乘以第二行的每个元素再加到第三行上，然后交换第二行与第三行，使得第二行首非零元素为 1.

$$\xrightarrow[R_2\leftrightarrow R_3]{R_3-R_2}\begin{pmatrix}1 & -2 & -2 & 0 & 4\\ 0 & 1 & -1 & -2 & -4\\ 0 & 3 & 4 & 4 & -2\\ 0 & 9 & 12 & 3 & -8\end{pmatrix}$$

把第二行的适当倍数加到其他行，使得第二行的首非零元素 1 的下方元素都为 0.

$$\xrightarrow[R_4-9R_2]{R_3-3R_2}\begin{pmatrix}1 & -2 & -2 & 0 & 4\\ 0 & 1 & -1 & -2 & -4\\ 0 & 0 & 7 & 10 & 10\\ 0 & 0 & 21 & 21 & 28\end{pmatrix}$$

⊖ 思考：这一步骤的目的是什么？

用（−3）乘以第三行的每个元素再加到第四行上，然后用$\frac{1}{7}$乘以第三行的每个元素，使得第三行的首非零元素的下方元素都为0并且第三行的首非零元素为1.

$$\xrightarrow[\frac{1}{7}\times R_3]{R_4-3R_3}\begin{pmatrix}1 & -2 & -2 & 0 & 4\\ 0 & 1 & -1 & -2 & -4\\ 0 & 0 & 1 & \frac{10}{7} & \frac{10}{7}\\ 0 & 0 & 0 & -9 & -2\end{pmatrix}$$

用$\left(-\frac{1}{9}\right)$乘以第四行的每个元素使得第四行的首非零元素为1.

$$\xrightarrow{-\frac{1}{9}\times R_4}\begin{pmatrix}1 & -2 & -2 & 0 & 4\\ 0 & 1 & -1 & -2 & -4\\ 0 & 0 & 1 & \frac{10}{7} & \frac{10}{7}\\ 0 & 0 & 0 & 1 & \frac{2}{9}\end{pmatrix}$$

把第四行的适当倍数加到其他行，使得第四行首非零元素上方的元素都为0.

$$\xrightarrow[R_3-\frac{10}{7}R_4]{R_2+2R_4}\begin{pmatrix}1 & -2 & -2 & 0 & 4\\ 0 & 1 & -1 & 0 & -\frac{32}{9}\\ 0 & 0 & 1 & 0 & \frac{10}{9}\\ 0 & 0 & 0 & 1 & \frac{2}{9}\end{pmatrix}$$

把第三行的适当倍数加到其他行，使得第三行首非零元素上方的元素都为0.

$$\xrightarrow[R_2+R_3]{R_1+2R_3}\begin{pmatrix}1 & -2 & 0 & 0 & \frac{56}{9}\\ 0 & 1 & 0 & 0 & -\frac{22}{9}\\ 0 & 0 & 1 & 0 & \frac{10}{9}\\ 0 & 0 & 0 & 1 & \frac{2}{9}\end{pmatrix}$$

把第二行各元素的2倍加到第一行，使得第二行首非零元素上方的元素为0.

$$\xrightarrow{R_1+2R_2}\begin{pmatrix}1&0&0&0&\frac{4}{3}\\0&1&0&0&-\frac{22}{9}\\0&0&1&0&\frac{10}{9}\\0&0&0&1&\frac{2}{9}\end{pmatrix}$$

根据行最简形矩阵的定义，上式即为 $\boldsymbol{A}$ 的行最简形矩阵．

在上例中 $\begin{pmatrix}1&-2&-2&0&4\\0&1&-1&-2&-4\\0&0&1&\frac{10}{7}&\frac{10}{7}\\0&0&0&-9&-2\end{pmatrix}$ 和 $\begin{pmatrix}1&-2&-2&0&4\\0&1&-1&0&-\frac{32}{9}\\0&0&1&0&\frac{10}{9}\\0&0&0&1&\frac{2}{9}\end{pmatrix}$

都是 $\boldsymbol{A}$ 的行阶梯形矩阵，因此行阶梯形矩阵并不是唯一的，而行最简形矩阵是唯一的，但行阶梯形矩阵和行最简形矩阵的非零行个数是相同的．

若 $\boldsymbol{A}$ 是 $m\times n$ 线性方程组的增广矩阵．定理 3.2 说明 $\boldsymbol{A}$ 总可以通过一系列初等行变换转化成一个行最简形矩阵 $\boldsymbol{B}$. 由于 $\boldsymbol{B}$ 是行最简形矩阵，所以求解 $\boldsymbol{B}$ 所表示的同解的线性方程组就会变得很容易．在介绍如何把一个矩阵化为行最简形矩阵后，下例给出了求解线性方程组的流程．

例 3.2.3　求解下面的线性方程组：

$$\begin{cases}x_1+x_2-3x_3-x_4=1,\\3x_1+x_2-3x_3+5x_4=5,\\x_1+3x_2-9x_3-9x_4=-1.\end{cases}$$

解　对增广矩阵施行初等行变换：

$$\boldsymbol{B}=\begin{pmatrix}1&1&-3&-1&1\\3&1&-3&5&5\\1&3&-9&-9&-1\end{pmatrix}\to\begin{pmatrix}1&1&-3&-1&1\\0&-2&6&8&2\\0&2&-6&-8&-2\end{pmatrix}$$

$$\to\begin{pmatrix}1&1&-3&-1&1\\0&-2&6&8&2\\0&0&0&0&0\end{pmatrix}\to\begin{pmatrix}1&1&-3&-1&1\\0&1&-3&-4&-1\\0&0&0&0&0\end{pmatrix}$$

$$\to\begin{pmatrix}1&0&0&3&2\\0&1&-3&-4&-1\\0&0&0&0&0\end{pmatrix}.$$

上面的矩阵表示线性方程组

$$\begin{cases} x_1 \qquad\qquad +3x_4=2, \\ \qquad x_2-3x_3-4x_4=-1. \end{cases}$$

求解上述线性方程组，可以得到

$$\begin{cases} x_1=2 \qquad\qquad -3x_4, \\ x_2=-1+3x_3+4x_4. \end{cases}$$

上式中，x_3，x_4被看作是自变量（或自由变量），可以任意赋值．变量 x_1，x_2是因变量（或称约束变量），它们的值由 x_3，x_4的赋值决定．例如，令 $x_3=1$，$x_4=-1$ 就得到一个特解 $x_1=5$，$x_2=-2$，$x_3=1$，$x_4=-1$.

习题 3.2

1. 利用初等变换把下列矩阵化成行最简形矩阵．

(1) $\begin{pmatrix} 2 & 1 & -3 \\ 1 & 2 & -2 \\ -1 & 3 & 2 \end{pmatrix}$；

(2) $\begin{pmatrix} 2 & 1 & 0 & 1 \\ 1 & 0 & 1 & 2 \\ -3 & 2 & -5 & 0 \end{pmatrix}$；

(3) $\begin{pmatrix} 1 & 0 & -1 & 2 \\ 2 & 0 & 1 & -3 \\ 3 & 0 & 0 & 1 \end{pmatrix}$；

(4) $\begin{pmatrix} 2 & -1 & -1 & 1 & 2 \\ 1 & 1 & -2 & 1 & 4 \\ 4 & -6 & 2 & -2 & 4 \\ 3 & 6 & -9 & 7 & 9 \end{pmatrix}$.

3.3 线性方程组的解

3.3.1 线性方程组解的判定

在 3.1 节中已经看到，一个线性方程组可能有唯一解、无穷多解或者无解．事实上，可以在不求线性方程组解的情况下，排除三种可能结果中的一种，甚至可以确定是哪一种可能结果．

例如，考虑一般的 2×3 线性方程组

$$\begin{cases} a_{11}x_1+a_{12}x_2+a_{13}x_3=b_1, \\ a_{21}x_1+a_{22}x_2+a_{23}x_3=b_2. \end{cases}$$

在几何上，此线性方程组表示两个平面，线性方程组的一个解对应于这两个平面的一个交点．这两个平面可能平行，可能重合(同一个平面)，还可能交于一条直线．因此方程组或者无解或者有无穷多解，而存在唯一解是不可能的．

为了判定线性方程组的解，给出下面这个定义．

定义 3.5 若矩阵 $\boldsymbol{A}$ 经过初等行变换化简为行阶梯形矩阵 $\boldsymbol{B}$，则 $\boldsymbol{B}$ 的非零行的个数称为矩阵 $\boldsymbol{A}$ 的秩，记为 $r(\boldsymbol{A})$.

定理 3.3　对于 n 元线性方程组 $\boldsymbol{A}x=\boldsymbol{b}$，设 $\boldsymbol{A}$ 为线性方程组的系数矩阵，$\boldsymbol{B}=(\boldsymbol{A}|\boldsymbol{b})$ 为线性方程组的增广矩阵，

(ⅰ) 无解的充分必要条件是 $r(\boldsymbol{A})<r(\boldsymbol{B})$；

(ⅱ) 有唯一解的充分必要条件是 $r(\boldsymbol{A})=r(\boldsymbol{B})=n$；

(ⅲ) 有无穷多解的充分必要条件是 $r(\boldsymbol{A})=r(\boldsymbol{B})<n$.

证　只需证明条件的充分性，即

$r(\boldsymbol{A})<r(\boldsymbol{B})\Rightarrow$无解；

$r(\boldsymbol{A})=r(\boldsymbol{B})=n\Rightarrow$唯一解；

$r(\boldsymbol{A})=r(\boldsymbol{B})<n\Rightarrow$无穷多解.

根据（ⅱ）（ⅲ），（ⅰ）（ⅲ），（ⅰ）（ⅱ）中条件的充分性的逆否命题有

无解$\Rightarrow r(\boldsymbol{A})<r(\boldsymbol{B})$；

唯一解$\Rightarrow r(\boldsymbol{A})=r(\boldsymbol{B})=n$；

无穷多解$\Rightarrow r(\boldsymbol{A})=r(\boldsymbol{B})<n$.

设 $\overline{\boldsymbol{B}}$为 $\boldsymbol{B}$ 的行最简形矩阵，记为

$$\text{设 }\overline{\boldsymbol{B}}=\begin{pmatrix}1&0&\cdots&0&b_{11}&\cdots&b_{1,n-r}&d_1\\0&1&\cdots&0&b_{21}&\cdots&b_{2,n-r}&d_2\\\vdots&\vdots&&\vdots&\vdots&&\vdots&\vdots\\0&0&\cdots&1&b_{r1}&\cdots&b_{r,n-r}&d_r\\0&0&\cdots&0&0&\cdots&0&d_{r+1}\\0&0&\cdots&0&0&\cdots&0&0\\\vdots&\vdots&&\vdots&\vdots&&\vdots&\vdots\\0&0&\cdots&0&0&\cdots&0&0\end{pmatrix}_{m\times(n+1)}.$$

第一步：证 $r(\boldsymbol{A})<r(\boldsymbol{B})$，则线性方程组无解.

若 $r(\boldsymbol{A})<r(\boldsymbol{B})$，即 $r(\boldsymbol{B})=r(\boldsymbol{A})+1$，则 $d_{r+1}=1$. 于是，第 $r+1$ 行对应矛盾方程 $0=1$，故原线性方程组无解.

第二步：证 $r(\boldsymbol{A})=r(\boldsymbol{B})=n$，则线性方程组有唯一解.

若 $r(\boldsymbol{A})=r(\boldsymbol{B})=n$，则 b_{ij} 都不出现，即

$$\overline{\boldsymbol{B}}=\begin{pmatrix}1&0&\cdots&0&d_1\\0&1&\cdots&0&d_2\\\vdots&\vdots&&\vdots&\vdots\\0&0&\cdots&1&d_n\\0&0&\cdots&0&0\\\vdots&\vdots&&\vdots&\vdots\\0&0&\cdots&0&0\end{pmatrix}_{m\times(n+1)},$$

从而原线性方程组有唯一解 $\begin{pmatrix} x_1 \\ \vdots \\ x_n \end{pmatrix} = \begin{pmatrix} d_1 \\ \vdots \\ d_n \end{pmatrix}$.

第三步：证 $r(\mathbf{A})=r(\boldsymbol{B})<n$，则线性方程组有无穷多解．

若 $r(\mathbf{A})=r(\boldsymbol{B})<n$，则对应的线性方程组为

$$\begin{cases} x_1 \quad +b_{11}x_{r+1}+\cdots+b_{1,n-r}x_n=d_1, \\ \quad x_2 \quad +b_{21}x_{r+1}+\cdots+b_{2,n-r}x_n=d_2, \\ \qquad \vdots \\ \qquad x_r+b_{r1}x_{r+1}+\cdots+b_{r,n-r}x_n=d_r. \end{cases}$$

令 x_{r+1}，…，x_n 作自由变量，则

$$\begin{cases} x_1=-b_{11}x_{r+1}-\cdots-b_{1,n-r}x_n+d_1, \\ x_2=-b_{21}x_{r+1}-\cdots-b_{2,n-r}x_n+d_2, \\ \qquad \vdots \\ x_r=-b_{r1}x_{r+1}-\cdots-b_{r,n-r}x_n+d_r. \end{cases}$$

再令 $x_{r+1}=c_1$，$x_{r+2}=c_2$，…，$x_n=c_{n-r}$，则

$$\begin{pmatrix} x_1 \\ \vdots \\ x_r \\ x_{r+1} \\ \vdots \\ x_n \end{pmatrix} = \begin{pmatrix} -b_{11}c_1 & \cdots & -b_{1,n-r}c_{n-r} & d_1 \\ & & \vdots & \\ -b_{r1}c_1 & \cdots & -b_{r,n-r}c_{n-r} & d_r \\ c_1 & & & \\ & \ddots & & \\ & & c_{n-r} & \end{pmatrix}$$

$$=c_1\begin{pmatrix} -b_{11} \\ \vdots \\ -b_{r1} \\ 1 \\ \vdots \\ 0 \end{pmatrix}+\cdots+c_{n-r}\begin{pmatrix} -b_{1,n-r} \\ \vdots \\ -b_{r,n-r} \\ 0 \\ \vdots \\ 1 \end{pmatrix}+\begin{pmatrix} d_1 \\ \vdots \\ d_r \\ 0 \\ \vdots \\ 0 \end{pmatrix}.$$

因此，由定理 3.3 可以得到以下 6 个结论．

结论 3.1 矩阵 $\boldsymbol{B}$ 表示的线性方程组是不相容的当且仅当 $\overline{\boldsymbol{B}}$ 有一行为 $(0,0,0,\cdots,0,1)$.

结论 3.2 设 r 表示 $\overline{\boldsymbol{B}}$ 中非零行的个数，如果 $\boldsymbol{B}$ 表示的 n 元线性方程组是相容的，那么 $r\leqslant n$.

考虑如下矩阵 $\overline{\boldsymbol{B}}$

$$\overline{\boldsymbol{B}}=\begin{pmatrix}1&4&0&3&0&2&1\\0&0&1&5&0&4&3\\0&0&0&0&1&2&3\\0&0&0&0&0&0&0\\0&0&0&0&0&0&0\end{pmatrix}.$$

矩阵 $\overline{\boldsymbol{B}}$ 为行最简形矩阵，并且表示相容的线性方程组

$$\begin{cases}x_1+4x_2\quad\quad+3x_4\quad+2x_6=1,\\ \quad\quad\quad x_3+5x_4\quad+4x_6=3,\\ \quad\quad\quad\quad\quad\quad x_5+2x_6=3.\end{cases}$$

显然 x_1，x_3，x_5 可以用 x_2，x_4，x_6 表示，因此可以把 x_1，x_3，x_5 看成因变量，而把 x_2，x_4，x_6 看成自变量．

结论 3.3　若线性方程组有无穷多个解，则对应于 $\overline{\boldsymbol{B}}$ 的非零行首非零元素的变量是因变量．

根据结论 3.2 知若线性方程组有解，则 $r\leqslant n$. 因为线性方程组一共有 n 个变量，所以由结论 3.3 知余下的 $n-r$ 个变量是自变量（自由变量），即

结论 3.4　设 $\overline{\boldsymbol{B}}$ 为相容的 n 元线性方程组的增广矩阵的行最简形矩阵．设 $\overline{\boldsymbol{B}}$ 有 r 个非零行，那么在线性方程组的解中有 $n-r$ 个变量是可以赋任意值的．

如 $\overline{\boldsymbol{B}}=\begin{pmatrix}1&0&4&0&6&0&1\\0&1&2&0&5&0&3\\0&0&0&1&3&0&4\\0&0&0&0&0&1&2\\0&0&0&0&0&0&0\\0&0&0&0&0&0&0\end{pmatrix}$，因为它不存在（0,0,0,0,0,0,1）行，故它表示一个相容的线性方程组，且该矩阵有 $r=4$ 个非零行，因此一定有 $n-r=6-4=2$ 个自变量．根据结论 3.3 和结论 3.4 知，可以把 x_1，x_2，x_4，x_6 看成因变量，而把 x_3，x_5 看成自变量．

结论 3.5　对于 $m\times n$ 线性方程组．如果 $m<n$，那么该方程组要么是不相容的，要么有无穷多解．

结论 3.6　对于 $n\times n$ 线性方程组．如果线性方程组的系数矩阵是非奇异矩阵，则线性方程组有唯一解．

这是因为对增广矩阵进行初等行变换，会出现 $r(\boldsymbol{A})=r(\boldsymbol{B})=n$.

例 3.3.1 下列每个矩阵都是行最简形矩阵，且它们都是某个线性方程组的增广矩阵．写出它们对应的线性方程组并求解线性方程组．

$$\boldsymbol{A}=\begin{pmatrix}1&0&3\\0&1&2\end{pmatrix},\boldsymbol{B}=\begin{pmatrix}1&2&0&4&-6\\0&0&1&2&4\\0&0&0&0&0\end{pmatrix},\boldsymbol{C}=\begin{pmatrix}1&0&3&5\\0&1&4&2\\0&0&0&1\end{pmatrix},\boldsymbol{D}=\begin{pmatrix}1&0&0&4&0&6\\0&0&1&3&0&5\\0&0&0&0&1&-2\end{pmatrix}.$$

解 矩阵 $\boldsymbol{A}$ 是线性方程组

$$\begin{cases}x_1 \quad =3,\\ \quad x_2=2\end{cases}$$

的增广矩阵．因此，该线性方程组是相容的，存在唯一解 $x_1=3$，$x_2=2$.

矩阵 $\boldsymbol{B}$ 是线性方程组

$$\begin{cases}x_1+2x_2 \quad +4x_4=-6,\\ \qquad\qquad x_3+2x_4=4\end{cases}$$

的增广矩阵．因为 $r=2<4$，故该线性方程组有无穷多个解．即

$$\begin{cases}x_1=-6-2x_2-4x_4,\\ x_3=\quad 4 \quad -2x_4.\end{cases}$$

在这种情形下，x_1，x_3 是因变量，而 x_2，x_4 是自由变量．特解可以通过给 x_2 和 x_4 赋值得到．例如，令 $x_2=1$，$x_4=1$ 可以得到特解 $x_1=-12$，$x_2=1$，$x_3=2$，$x_4=1$.

矩阵 $\boldsymbol{C}$ 是线性方程组

$$\begin{cases}x_1 \qquad\quad +3x_3=5,\\ \qquad x_2+4x_3=2,\\ 0x_1+0x_2+0x_3=1\end{cases}$$

的增广矩阵，因为出现了 $(0,0,0,1)$，所以该线性方程组是不相容的．

矩阵 $\boldsymbol{D}$ 是线性方程组

$$\begin{cases}x_1 \quad +4x_4 \quad =6,\\ \quad x_3+3x_4 \quad =5,\\ \qquad\qquad x_5=-2\end{cases}$$

的增广矩阵．因此，该线性方程组有无穷多解，可表示为

$$\begin{cases}x_1=6-4x_4,\\ x_3=5-3x_4,\\ x_5=-2.\end{cases}$$

其中 x_2，x_4 为自由变量．令 $x_2=1$，$x_4=1$ 可以得到线性方程组的

一个特解 $x_1=2$，$x_2=1$，$x_3=2$，$x_4=1$，$x_5=-2$.

例 3.3.2　对于线性方程组

$$\begin{cases}(1+k)x_1+x_2+x_3=0,\\ x_1+(1+k)x_2+x_3=3,\\ x_1+x_2+(1+k)x_3=k,\end{cases}$$

当 k 取何值时，线性方程组无解，有唯一解，有无穷多解.

解　线性方程组的增广矩阵为

$$\boldsymbol{B}=(\boldsymbol{A}\vdots\boldsymbol{b})=\begin{pmatrix}1+k & 1 & 1 & 0\\ 1 & 1+k & 1 & 3\\ 1 & 1 & 1+k & k\end{pmatrix}.$$

对其进行初等行变换

$$\begin{pmatrix}1+k & 1 & 1 & 0\\ 1 & 1+k & 1 & 3\\ 1 & 1 & 1+k & k\end{pmatrix}\to\begin{pmatrix}1 & 1 & 1+k & k\\ 1 & 1+k & 1 & 3\\ 1+k & 1 & 1 & 0\end{pmatrix}\to$$

$$\begin{pmatrix}1 & 1 & 1+k & k\\ 0 & k & -k & 3-k\\ 0 & -k & -k(2+k) & -k(1+k)\end{pmatrix}\to\begin{pmatrix}1 & 1 & 1+k & k\\ 0 & k & -k & 3-k\\ 0 & 0 & -k(3+k) & (1-k)(3+k)\end{pmatrix}.$$

(1) 当 $k\neq0$ 且 $k\neq-3$ 时，有 $r(\boldsymbol{A})=r(\boldsymbol{B})=3$，故线性方程组有唯一解；

(2) 当 $k=0$ 时，有 $r(\boldsymbol{A})=1$，$r(\boldsymbol{B})=2$，故线性方程组无解；

(3) 当 $k=-3$ 时，有 $r(\boldsymbol{A})=r(\boldsymbol{B})=2<3$，故线性方程组有无穷多个解，此时线性方程组增广矩阵的行最简形矩阵为

$$\boldsymbol{B}=\begin{pmatrix}1 & 0 & -1 & -1\\ 0 & 1 & -1 & -2\\ 0 & 0 & 0 & 0\end{pmatrix}.$$

由 $\boldsymbol{B}$ 可得

$$\begin{cases}x_1=-1+x_3,\\ x_2=-2+x_3.\end{cases}$$

令 $x_3=c$，则 $x_1=-1+c$，$x_2=-2+c$. 即

$$\begin{pmatrix}x_1\\ x_2\\ x_3\end{pmatrix}=\begin{pmatrix}-1+c\\ -2+c\\ c\end{pmatrix}=c\begin{pmatrix}1\\ 1\\ 1\end{pmatrix}+\begin{pmatrix}-1\\ -2\\ 0\end{pmatrix}(c\in\mathbf{R}).$$

根据 2.3 节的内容可知齐次线性方程组是相容的，所以一个齐次线性方程组或者有唯一的平凡解（零解），或者有非平凡解（即无穷多解）. 根据定理 3.3，可以得到下面这个定理.

定理 3.4　n 元齐次线性方程组 $\boldsymbol{A}x=0$ 有非零解的充分必要条件是 $r(\boldsymbol{A})<n$.

例 3.3.3 求解齐次线性方程组

$$\begin{cases} x_1+\ x_2+2x_3 \qquad =0, \\ x_1+2x_2+\ x_3+\ x_4=0, \\ 2x_1+3x_2+3x_3+\ x_4=0, \\ x_1+\ x_2+2x_3+2x_4=0. \end{cases}$$

解 该线性方程组的系数矩阵为

$$\begin{pmatrix} 1 & 1 & 2 & 0 \\ 1 & 2 & 1 & 1 \\ 2 & 3 & 3 & 1 \\ 1 & 1 & 2 & 2 \end{pmatrix}.$$

对其进行初等行变换

$$\begin{pmatrix} 1 & 1 & 2 & 0 \\ 1 & 2 & 1 & 1 \\ 2 & 3 & 3 & 1 \\ 1 & 1 & 2 & 2 \end{pmatrix} \to \begin{pmatrix} 1 & 1 & 2 & 0 \\ 0 & 1 & -1 & 1 \\ 0 & 1 & -1 & 1 \\ 0 & 0 & 0 & 2 \end{pmatrix} \to \begin{pmatrix} 1 & 0 & 3 & 0 \\ 0 & 1 & -1 & 0 \\ 0 & 0 & 0 & 1 \\ 0 & 0 & 0 & 0 \end{pmatrix}.$$

根据定理 3.4，此线性方程组有无穷多个解，即

$$\begin{cases} x_1 \quad +3x_3 \quad =0, \\ \quad x_2-\ x_3 \quad =0, \\ \qquad\qquad x_4=0. \end{cases}$$

因此，

$$\begin{cases} x_1=-3x_3, \\ x_2=x_3, \\ x_4=0. \end{cases}$$

令 $x_3=c$，则 $\begin{pmatrix} x_1 \\ x_2 \\ x_3 \\ x_4 \end{pmatrix}=\begin{pmatrix} -3c \\ c \\ c \\ 0 \end{pmatrix}=c\begin{pmatrix} -3 \\ 1 \\ 1 \\ 0 \end{pmatrix}$ （$c\in\mathbf{R}$）.

例 3.3.4 求解齐次线性方程组

$$\begin{cases} x_1+2x_2+2x_3=0, \\ x_1+4x_2+2x_3=0, \\ 2x_1-\ x_2+8x_3=0. \end{cases}$$

解 该线性方程组的系数矩阵为

$$\mathbf{A}=\begin{pmatrix} 1 & 2 & 2 \\ 1 & 4 & 2 \\ 2 & -1 & 8 \end{pmatrix}.$$

对其进行初等行变换

$$\begin{pmatrix}1&2&2\\1&4&2\\2&-1&8\end{pmatrix}\to\begin{pmatrix}1&2&2\\0&2&0\\0&-5&4\end{pmatrix}\to\begin{pmatrix}1&0&0\\0&1&0\\0&0&1\end{pmatrix}.$$

因为 $r(\boldsymbol{A})=3$，所以 $x_1=0$，$x_2=0$，$x_3=0$ 为该线性方程组的唯一解．

3.3.2 线性方程组的通解

在给出相容线性方程组的通解之前，回想中学数学所学的：在 n 维空间中，点是用有序 n 元实数组 $\boldsymbol{x}=(x_1,x_2,\cdots,x_n)$ 来表示的．这样一个 n 元数组被称为 n 维向量，这 n 个数称为该向量的 n 个分量，第 i 个数 x_i 称为第 i 个分量．n 维向量写成矩阵的形式：

$$\boldsymbol{x}=\begin{pmatrix}x_1\\x_2\\\vdots\\x_n\end{pmatrix}.$$

例如，一个任意的三维向量可以表示为

$$\boldsymbol{x}=\begin{pmatrix}x_1\\x_2\\x_3\end{pmatrix},$$

而向量

$$\boldsymbol{x}=\begin{pmatrix}1\\2\\3\end{pmatrix},\boldsymbol{y}=\begin{pmatrix}2\\3\\1\end{pmatrix}\text{以及 }\boldsymbol{z}=\begin{pmatrix}3\\2\\1\end{pmatrix}$$

是不同的三维向量．所有实分量的 n 维向量的集合，称为欧几里得 n 维空间，记为 $\mathbf{R}^n$．因此 $\mathbf{R}^n$ 是如下定义的集合：

$$\mathbf{R}^n=\left\{\boldsymbol{x}:\boldsymbol{x}=\begin{pmatrix}x_1\\x_2\\\vdots\\x_n\end{pmatrix},\text{其中 }x_1,x_2,\cdots,x_n\text{为实数}\right\}.$$

正如记号所表明的那样，$\mathbf{R}^n$ 中的元素可以看成是 $n\times1$ 实矩阵，反之 $n\times1$ 实矩阵也可以认为是 $\mathbf{R}^n$ 中的元素，因此向量的加法和数量乘法只是矩阵的加法和数量乘法的特殊形式．

利用向量和矩阵的加法与数乘，可以导出相容线性方程组通解的表达式，并称这个表达式为通解的向量形式．

通解的向量形式这一想法其实很简单，可以用以下两个例子进行解释．

例 3.3.5 已知矩阵 $\boldsymbol{A}$ 是某个齐次线性方程组的增广矩阵，求齐次线性方程组的通解，并且用向量表示通解．

$$\boldsymbol{A}=\begin{pmatrix}1&0&3&4&0\\0&1&2&-3&0\end{pmatrix}.$$

解 因为 $\boldsymbol{A}$ 是行最简形矩阵，所以可以很容易写出通解：

$$\begin{cases}x_1=-3x_3-4x_4,\\x_2=-2x_3+3x_4.\end{cases}$$

因此，用向量表示的通解为

$$\boldsymbol{x}=\begin{pmatrix}x_1\\x_2\\x_3\\x_4\end{pmatrix}=\begin{pmatrix}-3x_3-4x_4\\-2x_3+3x_4\\x_3\\x_4\end{pmatrix}=\begin{pmatrix}-3x_3\\-2x_3\\x_3\\0\end{pmatrix}+\begin{pmatrix}-4x_4\\3x_4\\0\\x_4\end{pmatrix}$$

$$=x_3\begin{pmatrix}-3\\-2\\1\\0\end{pmatrix}+x_4\begin{pmatrix}-4\\3\\0\\1\end{pmatrix}.$$

若令 $x_3=c_1$，$x_4=c_2$，则

$$\boldsymbol{x}=c_1\begin{pmatrix}-3\\-2\\1\\0\end{pmatrix}+c_2\begin{pmatrix}-4\\3\\0\\1\end{pmatrix}\ (c_1,c_2\in\mathbf{R}).$$

最后一个表达式称为通解的向量形式．

一般地，齐次线性方程组通解的向量形式，是由确定的向量数乘自由变量后再求和得到的．接下来的例子阐明了非齐次方程组通解的向量形式．

例 3.3.6 设 $\boldsymbol{A}$ 为一个非齐次线性方程组的增广矩阵

$$\boldsymbol{A}=\begin{pmatrix}1&-2&0&0&-3&5\\0&0&1&0&2&4\\0&0&0&1&-2&6\end{pmatrix},$$

求该线性方程组通解的向量形式．

解 因为 $\boldsymbol{A}$ 是行最简形矩阵，所以可以很容易得到其通解：

$$\begin{cases}x_1=5+2x_2+3x_5,\\x_3=4\qquad\ -2x_5,\\x_4=6\qquad\ +2x_5.\end{cases}$$

把通解表示成向量形式，有

$$\boldsymbol{x}=\begin{pmatrix}x_1\\x_2\\x_3\\x_4\\x_5\end{pmatrix}=\begin{pmatrix}5+2x_2+3x_5\\x_2\\4\quad -2x_5\\6\quad +2x_5\\x_5\end{pmatrix}=\begin{pmatrix}5\\0\\4\\6\\0\end{pmatrix}+\begin{pmatrix}2x_2\\x_2\\0\\0\\0\end{pmatrix}+\begin{pmatrix}3x_5\\0\\-2x_5\\2x_5\\x_5\end{pmatrix}=\begin{pmatrix}5\\0\\4\\6\\0\end{pmatrix}+x_2\begin{pmatrix}2\\1\\0\\0\\0\end{pmatrix}+x_5\begin{pmatrix}3\\0\\-2\\2\\1\end{pmatrix}.$$

若令 $x_2=c_1$，$x_5=c_2$，则

$$\boldsymbol{x}=\begin{pmatrix}5\\0\\4\\6\\0\end{pmatrix}+c_1\begin{pmatrix}2\\1\\0\\0\\0\end{pmatrix}+c_2\begin{pmatrix}3\\0\\-2\\2\\1\end{pmatrix}(c_1,c_2\in\mathbf{R}).$$

因此，通解的向量形式为 $\boldsymbol{x}=\boldsymbol{w}+c_1\boldsymbol{u}+c_2\boldsymbol{v}$，其中

$$w=\begin{pmatrix}5\\0\\4\\6\\0\end{pmatrix},u=\begin{pmatrix}2\\1\\0\\0\\0\end{pmatrix},v=\begin{pmatrix}3\\0\\-2\\2\\1\end{pmatrix},$$

$\boldsymbol{w}$，$\boldsymbol{u}$，$\boldsymbol{v}$ 是 $\mathbf{R}^5$ 中确定的向量．

习题 3.3

1. 选择题：

(1) 已知线性方程组

$$\begin{cases}x_1+2x_2+x_3=1,\\2x_1+3x_2+(a+2)x_3=3,\\x_1+ax_2-2x_3=0\end{cases}$$

无解，则 $a=$(　　).

(A) 1；　(B) 0；　(C) -1；　(D) -2.

(2) 设非齐次线性方程组 $\mathbf{A}x=\boldsymbol{b}$ 中，系数矩阵 $\mathbf{A}$ 为 $m\times n$ 矩阵，且 $r(\mathbf{A})=r$，则（　　）

(A) $r=n$ 时，方程组 $\mathbf{A}x=\boldsymbol{b}$ 有唯一解；

(B) $r=m$ 时，方程组 $\mathbf{A}x=\boldsymbol{b}$ 有解；

(C) $m=n$ 时，方程组 $\mathbf{A}x=\boldsymbol{b}$ 有唯一解；

(D) $r<n$ 时，方程组 $\mathbf{A}x=\boldsymbol{b}$ 有无穷多解．

(3) 设 $\mathbf{A}$ 为 $m\times n$ 矩阵，且非齐次线性方程组 $\mathbf{A}x=\boldsymbol{b}$ 有唯一解，则必有(　　).

(A) $m=n$；　(B) $r(\mathbf{A})=m$；

(C) $r(\mathbf{A})=n$；　(D) $r(\mathbf{A})<n$.

2. 根据所含参数的取值，讨论线性方程组解的情况：

(1) $\begin{cases}(k+3)x_1+x_2+2x_3=0,\\kx_1+(k-1)x_2+x_3=0,\\3(k+1)x_1+kx_2+(k+3)x_3=0;\end{cases}$

(2) $\begin{cases}x_1+3x_2+2x_3+x_4=1,\\x_2+kx_3-kx_4=-1,\\x_1+2x_2+3x_4=3.\end{cases}$

3.4 利用逆矩阵求解线性方程组

3.4.1 逆矩阵的求法

第 2 章给出了逆矩阵存在定理以及计算逆矩阵的方法．本节将利用初等行变换给出另一种计算逆矩阵的方法．

与矩阵的行等价定义类似，如果矩阵 $\boldsymbol{A}$ 经有限次初等列变换变成矩阵 $\boldsymbol{B}$，则称这两个矩阵是列等价的；如果矩阵 $\boldsymbol{A}$ 经有限次初等变换变成矩阵 $\boldsymbol{B}$，则称这两个矩阵是等价的．

定理 3.5 设 $\boldsymbol{A}$ 与 $\boldsymbol{B}$ 为 $m\times n$ 矩阵，则

（ⅰ）$\boldsymbol{A}$ 与 $\boldsymbol{B}$ 行等价的充分必要条件是存在 m 阶可逆矩阵 $\boldsymbol{P}$，使得 $\boldsymbol{PA}=\boldsymbol{B}$.

（ⅱ）$\boldsymbol{A}$ 与 $\boldsymbol{B}$ 列等价的充分必要条件是存在 n 阶可逆矩阵 $\boldsymbol{Q}$，使得 $\boldsymbol{AQ}=\boldsymbol{B}$.

（ⅲ）$\boldsymbol{A}$ 与 $\boldsymbol{B}$ 等价的充分必要条件是存在 m 阶可逆矩阵 $\boldsymbol{P}$ 及 n 阶可逆矩阵 $\boldsymbol{Q}$，使得 $\boldsymbol{PAQ}=\boldsymbol{B}$.

推论 3.2 方阵 $\boldsymbol{A}$ 可逆的充分必要条件是 $\boldsymbol{A}$ 与单位矩阵行等价．

下例给出了求逆矩阵的方法．

例 3.4.1 求 3×3 矩阵

$$\boldsymbol{A}=\begin{pmatrix}1&2&3\\2&3&-2\\4&3&2\end{pmatrix}$$

的逆矩阵．

解 作矩阵$(\boldsymbol{A}|\boldsymbol{E})$，即

$$\begin{pmatrix}1&2&3&1&0&0\\2&3&-2&0&1&0\\4&3&2&0&0&1\end{pmatrix}.$$

对$(\boldsymbol{A}|\boldsymbol{E})$进行初等行变换，将其变为$(\boldsymbol{E}|\boldsymbol{B})$. 由定理 3.5，即存在可逆矩阵 $\boldsymbol{P}$ 使得$\boldsymbol{P}(\boldsymbol{A}|\boldsymbol{E})=(\boldsymbol{PA}|\boldsymbol{P})=(\boldsymbol{E}|\boldsymbol{B})$. 因为 $\boldsymbol{PA}=\boldsymbol{E}$，故 $\boldsymbol{P}=\boldsymbol{A}^{-1}$，即 $\boldsymbol{B}=\boldsymbol{P}=\boldsymbol{A}^{-1}$.

$$\begin{pmatrix}1&2&3&1&0&0\\2&3&-2&0&1&0\\4&3&2&0&0&1\end{pmatrix}\xrightarrow[R_3-4R_1]{R_2-2R_1}\begin{pmatrix}1&2&3&1&0&0\\0&-1&-8&-2&1&0\\0&-5&-10&-4&0&1\end{pmatrix}$$

$$\xrightarrow{\left(-\frac{1}{5}\right)\times R_3}\begin{pmatrix}1 & 2 & 3 & 1 & 0 & 0\\0 & -1 & -8 & -2 & 1 & 0\\0 & 1 & 2 & \frac{4}{5} & 0 & -\frac{1}{5}\end{pmatrix}$$

$$\xrightarrow[\left(-\frac{1}{6}\right)\times R_3]{R_3+R_2}\begin{pmatrix}1 & 2 & 3 & 1 & 0 & 0\\0 & -1 & -8 & -2 & 1 & 0\\0 & 0 & 1 & \frac{1}{5} & -\frac{1}{6} & \frac{1}{30}\end{pmatrix}$$

$$\xrightarrow[R_2+8R_3]{R_1-3R_3}\begin{pmatrix}1 & 2 & 0 & \frac{2}{5} & \frac{1}{2} & -\frac{1}{10}\\0 & -1 & 0 & -\frac{2}{5} & -\frac{1}{3} & \frac{4}{15}\\0 & 0 & 1 & \frac{1}{5} & -\frac{1}{6} & \frac{1}{30}\end{pmatrix}$$

$$\xrightarrow[(-1)\times R_2]{R_1+2R_2}\begin{pmatrix}1 & 0 & 0 & -\frac{2}{5} & -\frac{1}{6} & \frac{13}{30}\\0 & 1 & 0 & \frac{2}{5} & \frac{1}{3} & -\frac{4}{15}\\0 & 0 & 1 & \frac{1}{5} & -\frac{1}{6} & \frac{1}{30}\end{pmatrix}.$$

因此

$$\boldsymbol{A}^{-1}=\begin{pmatrix}-\frac{2}{5} & -\frac{1}{6} & \frac{13}{30}\\\frac{2}{5} & \frac{1}{3} & -\frac{4}{15}\\\frac{1}{5} & -\frac{1}{6} & \frac{1}{30}\end{pmatrix}.$$

3.4.2 逆矩阵的应用

利用上述方法可以求解矩阵方程及线性方程组．

例 3.4.2

求解矩阵方程 $\boldsymbol{AX}=\boldsymbol{B}$，其中 $\boldsymbol{A}=\begin{pmatrix}1 & 1 & -2\\2 & 3 & 1\\3 & 2 & -1\end{pmatrix}$，

$$\boldsymbol{B}=\begin{pmatrix}-3 & 1\\11 & -1\\4 & -4\end{pmatrix}.$$

解　显然 $\boldsymbol{X}=\boldsymbol{A}^{-1}\boldsymbol{B}$，作矩阵$(\boldsymbol{A}|\boldsymbol{B})$，即

$$\begin{pmatrix}1 & 1 & -2 & -3 & 1\\2 & 3 & 1 & 11 & -1\\3 & 2 & -1 & 4 & -4\end{pmatrix}.$$

对$(\boldsymbol{A}|\boldsymbol{B})$进行初等行变换，将其化为$(\boldsymbol{E}|\boldsymbol{C})$. 由定理 3.5，即存在可逆矩阵 $\boldsymbol{P}$ 使得 $\boldsymbol{P}(\boldsymbol{A}|\boldsymbol{B})=(\boldsymbol{PA}|\boldsymbol{PB})=(\boldsymbol{E}|\boldsymbol{C})$. 因为 $\boldsymbol{PA}=\boldsymbol{E}$，故 $\boldsymbol{P}=\boldsymbol{A}^{-1}$，即 $\boldsymbol{C}=\boldsymbol{PB}=\boldsymbol{A}^{-1}\boldsymbol{B}$ 为所求．

$$\begin{pmatrix}1&1&-2&-3&1\\2&3&1&11&-1\\3&2&-1&4&-4\end{pmatrix}\xrightarrow[R_3-3R_1]{R_2-2R_1}\begin{pmatrix}1&1&-2&-3&1\\0&1&5&17&-3\\0&-1&5&13&-7\end{pmatrix}$$

$$\xrightarrow{R_3+R_2}\begin{pmatrix}1&1&-2&-3&1\\0&1&5&17&-3\\0&0&10&30&-10\end{pmatrix}\xrightarrow[\substack{R_2-5R_3\\R_1+2R_3}]{\frac{1}{10}\times R_3}\begin{pmatrix}1&1&0&3&-1\\0&1&0&2&2\\0&0&1&3&-1\end{pmatrix}$$

$$\xrightarrow{R_1-R_2}\begin{pmatrix}1&0&0&1&-3\\0&1&0&2&2\\0&0&1&3&-1\end{pmatrix}.$$

因此

$$\boldsymbol{X}=\begin{pmatrix}1&-3\\2&2\\3&-1\end{pmatrix}.$$

例 3.4.3 求解线性方程组

$$\begin{cases}x_1+\ x_2+\ x_3=2,\\x_1+2x_2+4x_3=3,\\x_1+3x_2+9x_3=5.\end{cases}$$

解 作矩阵$(\boldsymbol{A}|\boldsymbol{b})$，即

$$\begin{pmatrix}1&1&1&2\\1&2&4&3\\1&3&9&5\end{pmatrix}.$$

对$(\boldsymbol{A}|\boldsymbol{b})$进行初等行变换，将其化为$(\boldsymbol{E}|\boldsymbol{a})$. 由定理 3.5，即存在可逆矩阵 $\boldsymbol{P}$ 使得 $\boldsymbol{P}(\boldsymbol{A}|\boldsymbol{b})=(\boldsymbol{PA}|\boldsymbol{Pb})=(\boldsymbol{E}|\boldsymbol{a})$. 因为 $\boldsymbol{PA}=\boldsymbol{E}$，故 $\boldsymbol{P}=\boldsymbol{A}^{-1}$，即 $\boldsymbol{a}=\boldsymbol{Pb}=\boldsymbol{A}^{-1}\boldsymbol{b}$ 为所求．

$$\begin{pmatrix}1&1&1&2\\1&2&4&3\\1&3&9&5\end{pmatrix}\xrightarrow[R_3-R_1]{R_2-R_1}\begin{pmatrix}1&1&1&2\\0&1&3&1\\0&2&8&3\end{pmatrix}\xrightarrow{R_3-2R_2}\begin{pmatrix}1&1&1&2\\0&1&3&1\\0&0&2&1\end{pmatrix}$$

$$\xrightarrow[\substack{R_2-3R_3\\R_1-R_3}]{\frac{1}{2}\times R_3}\begin{pmatrix}1&1&0&\frac{3}{2}\\0&1&0&-\frac{1}{2}\\0&0&1&\frac{1}{2}\end{pmatrix}\xrightarrow{R_1-R_2}\begin{pmatrix}1&0&0&2\\0&1&0&-\frac{1}{2}\\0&0&1&\frac{1}{2}\end{pmatrix}.$$

因此

$$x=\begin{pmatrix}2\\-\frac{1}{2}\\\frac{1}{2}\end{pmatrix}.$$

习题 3.4

1. 仿照例 3.4.1 求下列矩阵的行最简形矩阵：

(1) $\begin{pmatrix}2&1&-1\\2&1&0\\1&-1&1\end{pmatrix}$；

(2) $\begin{pmatrix}2&1&2\\4&1&3\\2&0&1\end{pmatrix}$.

总习题三

1. 把下列矩阵化为等价的行最简形矩阵：

(1) $A=\begin{pmatrix}2&1&2&3\\4&1&3&5\\2&0&1&2\end{pmatrix}$；

(2) $A=\begin{pmatrix}1&2&-1&4\\2&4&3&5\\-1&-2&6&-7\end{pmatrix}$；

(3) $A=\begin{pmatrix}1&-1&-1&0&3\\2&-2&-1&2&4\\1&-1&1&1&5\end{pmatrix}$；

(4) $A=\begin{pmatrix}2&-1&-1&1&2\\1&1&-2&1&4\\4&-6&2&-2&4\\3&6&-9&7&9\end{pmatrix}$.

2. 用矩阵的初等变换求下列方阵的逆矩阵：

(1) $A=\begin{pmatrix}1&0&1\\2&1&0\\-3&2&-5\end{pmatrix}$；

(2) $A=\begin{pmatrix}2&0&-1&1\\0&1&2&-1\\1&-2&1&1\\3&-1&0&2\end{pmatrix}$；

(3) $A=\begin{pmatrix}-3&1&4&-1\\1&1&1&0\\-2&0&1&-1\\1&1&-2&0\end{pmatrix}$；

(4) $A=\begin{pmatrix}1&2&0&1\\0&2&2&1\\1&-2&-1&1\\0&1&2&1\end{pmatrix}$.

3. 求下列齐次线性方程组的解：

(1) $\begin{cases}x_1+2x_2+x_3-x_4=0,\\3x_1+6x_2-x_3-3x_4=0,\\5x_1+10x_2+x_3-5x_4=0;\end{cases}$

(2) $\begin{cases}3x_1+4x_2-5x_3+7x_4=0,\\2x_1-3x_2+3x_3-2x_4=0,\\4x_1+11x_2-13x_3+16x_4=0,\\7x_1-2x_2+x_3+3x_4=0;\end{cases}$

(3) $\begin{cases}x_1+2x_2+4x_3-3x_4=0,\\3x_1+5x_2+6x_3-4x_4=0,\\4x_1+5x_2-2x_3+3x_4=0,\\3x_1+8x_2+24x_3-19x_4=0;\end{cases}$

(4) $\begin{cases}x_1+2x_2-x_3-2x_4=0,\\2x_1-x_2-x_3+x_4=0,\\3x_1+x_2-2x_3-x_4=0.\end{cases}$

4. 求下列非齐次线性方程组的解：

(1) $\begin{cases}x_1+x_2-3x_3-x_4=1,\\3x_1-x_2-3x_3+4x_4=4,\\x_1+5x_2-9x_3-8x_4=0;\end{cases}$

(2) $\begin{cases} x_1+x_2+3x_3+2x_4-x_5=1, \\ 3x_1+3x_2+5x_3+4x_4-3x_5=2, \\ 2x_1+2x_2+4x_3+4x_4-x_5=3; \end{cases}$

(3) $\begin{cases} 2x_1+x_2-x_3+x_4=1, \\ 3x_1-2x_2+x_3-3x_4=4, \\ x_1+4x_2-3x_3+5x_4=-2; \end{cases}$

(4) $\begin{cases} x_1-x_2-x_3+x_4=-2, \\ x_1-x_2+x_3-3x_4=4, \\ x_1-x_2-2x_3+3x_4=-5. \end{cases}$

5. 问 λ 为何值时，线性方程组

$$\begin{cases} (\lambda+3)x_1+x_2+2x_3=1, \\ \lambda x_1+(\lambda-1)x_2+x_3=\lambda, \\ 3(\lambda+1)x_1+\lambda x_2+(\lambda+3)x_3=3 \end{cases}$$

(1) 有唯一解；

(2) 无解；

(3) 有无穷多解；

并求其有无穷多解时的通解．

6. 求解下列矩阵方程：

(1) $\begin{pmatrix} 2 & 3 & -1 \\ 1 & 2 & 0 \\ -1 & 2 & -2 \end{pmatrix}\boldsymbol{X}=\begin{pmatrix} 2 & 1 \\ -1 & 0 \\ 3 & 1 \end{pmatrix}$；

(2) $\begin{pmatrix} 1 & 1 & -1 \\ 0 & 2 & 2 \\ 1 & -1 & 0 \end{pmatrix}\boldsymbol{X}=\begin{pmatrix} 1 & -1 & 1 \\ 1 & 1 & 0 \\ 2 & 1 & 1 \end{pmatrix}$.

7. 求下列矩阵的秩：

(1) $\boldsymbol{A}=\begin{pmatrix} 1 & 2 & 3 & 4 \\ 0 & 1 & -1 & 2 \\ 1 & 2 & 3 & -1 \end{pmatrix}$；

(2) $\boldsymbol{A}=\begin{pmatrix} 1 & -1 & 2 & 1 & 0 \\ 2 & -2 & 4 & -2 & 0 \\ 3 & 0 & 6 & -1 & 1 \\ 0 & 3 & 0 & 0 & 1 \end{pmatrix}$；

(3) $\boldsymbol{A}=\begin{pmatrix} 2 & 1 & 3 & -1 & 2 \\ 3 & -1 & 2 & 0 & 0 \\ 4 & -3 & 1 & 1 & 1 \\ 1 & 3 & 4 & -2 & -1 \end{pmatrix}$；

(4) $\boldsymbol{A}=\begin{pmatrix} 3 & -7 & 6 & 11 & 5 \\ 1 & -2 & 4 & -1 & 3 \\ -1 & 1 & -10 & -5 & -7 \\ 4 & -11 & -2 & 8 & 0 \end{pmatrix}$.

8. 设矩阵 $\boldsymbol{A}=\begin{pmatrix} 1 & -2 & 3k \\ -1 & 2k & -3 \\ k & -2 & 3 \end{pmatrix}$，问 k 为何值时，使得分别有

(1) $r(\boldsymbol{A})=1$；(2) $r(\boldsymbol{A})=2$；(3) $r(\boldsymbol{A})=3$.

9. 下列矩阵是非齐次线性方程组的增广矩阵经初等行变换后得到的，试求对应的方程组的解：

(1) $\begin{pmatrix} 1 & 0 & 0 & 3 & -4 \\ 0 & 1 & 2 & 3 & 7 \\ 0 & 0 & 0 & 1 & 2 \end{pmatrix}$；

(2) $\begin{pmatrix} 1 & 5 & -2 & 0 & -8 & -3 \\ 0 & 0 & 1 & 2 & 6 & 4 \\ 0 & 0 & 0 & 1 & 3 & -1 \end{pmatrix}$.

10. λ 取何值时，方程组

$$\begin{pmatrix} \lambda & 1 & 1 \\ 1 & \lambda & 1 \\ 1 & 1 & \lambda \end{pmatrix}\begin{pmatrix} x \\ y \\ z \end{pmatrix}=\begin{pmatrix} 0 \\ 0 \\ 0 \end{pmatrix}$$

存在非零解．

11. 利用逆矩阵解下列线性方程组：

$$\begin{cases} x_1+3x_2-2x_3=4, \\ 3x_1+2x_2-5x_3=11, \\ 2x_1+x_2+x_3=3. \end{cases}$$

第 4 章 向量空间

中学数学学习过平面向量和空间向量，并在二维空间和三维空间中讨论了几何向量的概念．但在实际应用中，所涉及的往往不止平面向量和空间向量，即二维和三维向量．本章将把二维空间和三维空间中向量的概念扩展到 n 维向量空间 $\mathbf{R}^n$ 上．

4.1 向量及向量组

在数学和物理学中，向量这个词被广泛应用于各种对象，如力和速度，它们都是既有大小又有方向的量．在二维空间或三维空间中这样的向量可以表示成有向线段，如几何向量 $\boldsymbol{v}$ 可以表示成一条有向线段 OP，起点在原点 O，终点为 P. 如果向量 $\boldsymbol{v}$ 在二维空间中且 P 有坐标 (a,b)，那么可以很自然地把向量 $\boldsymbol{v}$ 表示成

$$\begin{pmatrix} a \\ b \end{pmatrix}.$$

同样，如果向量 $\boldsymbol{v}$ 在三维空间中且 P 有坐标 (a,b,c)，那么向量 $\boldsymbol{v}$ 可以表示成

$$\begin{pmatrix} a \\ b \\ c \end{pmatrix}.$$

从而，二维空间和三维空间中的几何向量可以转化为 $\mathbf{R}^2$ 和 $\mathbf{R}^3$ 中的二维和三维向量．

对应上面的描述，向量的几何加法转化成了 $\mathbf{R}^2$ 和 $\mathbf{R}^3$ 中的代数加法．类似地，用数量做的几何乘法对应于代数数量乘法．因此，对于 $\mathbf{R}^2$ 和 $\mathbf{R}^3$，可以通过把向量的几何性质转化成代数性质进行研究．当从代数的观点考虑向量时，很自然地会把向量的概念扩展到其他对象，这些对象满足同样的代数性质，但对它们来说却没有几何表示．如 $\mathbf{R}^n$ $(n\geqslant 4)$ 的元素就没有几何表示．下面再来看一下 $\mathbf{R}^2$ 和 $\mathbf{R}^3$ 中向量的几何解释．$\mathbf{R}^2$ 中的向量

$$x=\begin{pmatrix}a\\b\end{pmatrix},$$

在几何上可以表示成平面上坐标为 (a,b) 的点．同样，$\mathbf{R}^3$ 中的向量

$$x=\begin{pmatrix}a\\b\\c\end{pmatrix}$$

在几何上对应于三维空间中坐标为 (a,b,c) 的点．

例 4.1.1　设 W 为 $\mathbf{R}^2$ 的子集，其定义为

$$W=\left\{x:x=\begin{pmatrix}x_1\\x_2\end{pmatrix},x_1+x_2=2\right\},$$

给出 W 的几何解释．

解　几何上，W 是平面上方程为 $x+y=2$ 的直线．如下图：

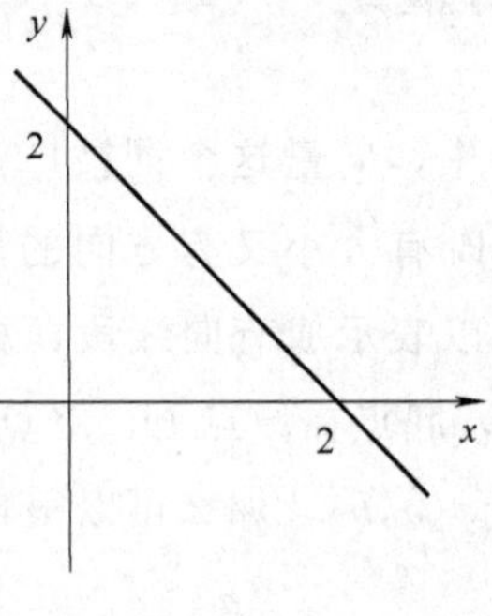

图　4.1.1

例 4.1.2　设 W 是 $\mathbf{R}^3$ 的子集，W 定义为

$$W=\left\{x:x=\begin{pmatrix}x_1\\x_2\\1\end{pmatrix},x_1\text{和 }x_2\text{是任意实数}\right\},$$

给出 W 的几何解释．

解　几何上，W 可以视为三维空间中的平面，方程为 $z=1$．如下图．

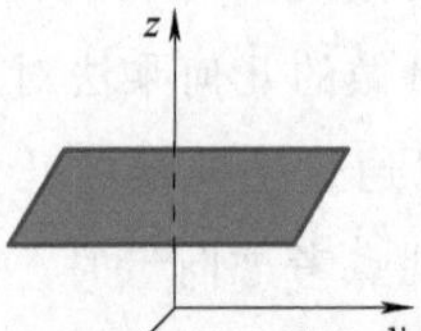

图　4.1.2

上一章已经介绍过向量的概念，现再次叙述如下：

定义 4.1　n 个有次序的数 a_1，a_2，…，a_n所组成的数组称为 n 维向量⊖，这 n 个数称为该向量的 n 个分量，第 i 个数 a_i称为第 i 个分量．

下面介绍一些关于向量的基本概念．

定义 4.2　若干个同维数的列向量（行向量）所组成的集合称为向量组．

根据矩阵的运算，可以把线性方程组

$$\begin{cases} a_{11}x_1+a_{12}x_2+\cdots+a_{1n}x_n=b_1, \\ a_{21}x_1+a_{22}x_2+\cdots+a_{2n}x_n=b_2, \\ \qquad\vdots \\ a_{m1}x_1+a_{m2}x_2+\cdots+a_{mn}x_n=b_m \end{cases} \tag{4.1.1}$$

写成 $\begin{pmatrix} a_{11} \\ a_{21} \\ \vdots \\ a_{m1} \end{pmatrix} x_1+\begin{pmatrix} a_{12} \\ a_{22} \\ \vdots \\ a_{m2} \end{pmatrix} x_2+\cdots+\begin{pmatrix} a_{1n} \\ a_{2n} \\ \vdots \\ a_{mn} \end{pmatrix} x_n=\begin{pmatrix} b_1 \\ b_2 \\ \vdots \\ b_m \end{pmatrix}$，即 $\boldsymbol{A}_{11}x_1+\boldsymbol{A}_{12}x_2+\cdots+\boldsymbol{A}_{1n}x_n=\boldsymbol{b}$，其中 $\boldsymbol{A}_{11}=\begin{pmatrix} a_{11} \\ a_{21} \\ \vdots \\ a_{m1} \end{pmatrix}$，$\boldsymbol{A}_{12}=\begin{pmatrix} a_{12} \\ a_{22} \\ \vdots \\ a_{m2} \end{pmatrix}$，…，$\boldsymbol{A}_{1n}=\begin{pmatrix} a_{1n} \\ a_{2n} \\ \vdots \\ a_{mn} \end{pmatrix}$，$\boldsymbol{b}=\begin{pmatrix} b_1 \\ b_2 \\ \vdots \\ b_m \end{pmatrix}$. 显然 $\boldsymbol{A}_{11}$，$\boldsymbol{A}_{12}$，…，$\boldsymbol{A}_{1n}$ 构成一个向量组 $\boldsymbol{A}$，$\boldsymbol{A}$ 中的每个向量都是 m 维的．同时 $\boldsymbol{A}$ 也可以表示成

$$\boldsymbol{A}=\begin{pmatrix} a_{11} & a_{12} & \cdots & a_{1n} \\ a_{21} & a_{22} & \cdots & a_{2n} \\ \vdots & \vdots & & \vdots \\ a_{m1} & a_{m2} & \cdots & a_{mn} \end{pmatrix}.$$

因此含有有限个向量的有序向量组与矩阵一一对应．

定义 4.3　给定向量组 $\boldsymbol{A}$：$\boldsymbol{a}_1,\boldsymbol{a}_2,\cdots,\boldsymbol{a}_m$，对于任何一组实数 $k_1,k_2,\cdots,k_m$，表达式

⊖ 注：为了区分列向量（列矩阵）和行向量（行矩阵），列向量一般用 $\boldsymbol{\alpha}$，$\boldsymbol{\beta}$，$\boldsymbol{a}$，$\boldsymbol{b}$ 等表示，行向量一般用 $\boldsymbol{\alpha}^{\mathrm{T}}$，$\boldsymbol{\beta}^{\mathrm{T}}$，$\boldsymbol{a}^{\mathrm{T}}$，$\boldsymbol{b}^{\mathrm{T}}$等表示．如无特殊说明，本书中的向量均为列向量．

$$k_1\boldsymbol{a}_1+k_2\boldsymbol{a}_2+\cdots+k_m\boldsymbol{a}_m$$

称为向量组 $\boldsymbol{A}$ 的一个线性组合．$k_1,k_2,\cdots,k_m$ 称为这个线性组合的系数．

定义 4.4 给定向量组 $\boldsymbol{A}$：$\boldsymbol{a}_1,\boldsymbol{a}_2,\cdots,\boldsymbol{a}_m$ 和向量 $\boldsymbol{b}$，如果存在一组实数 $l_1,l_2,\cdots,l_m$，使得

$$\boldsymbol{b}=l_1\boldsymbol{a}_1+l_2\boldsymbol{a}_2+\cdots+l_m\boldsymbol{a}_m,$$

则向量 $\boldsymbol{b}$ 是向量组 $\boldsymbol{A}$ 的线性组合，这时称向量 $\boldsymbol{b}$ 能由向量组 $\boldsymbol{A}$ 线性表示．

如，设 $\boldsymbol{E}=(\boldsymbol{e}_1,\boldsymbol{e}_2,\boldsymbol{e}_3)=\begin{pmatrix}1&0&0\\0&1&0\\0&0&1\end{pmatrix}$，那么

$$\boldsymbol{b}=\begin{pmatrix}3\\7\\4\end{pmatrix}=3\begin{pmatrix}1\\0\\0\end{pmatrix}+7\begin{pmatrix}0\\1\\0\end{pmatrix}+4\begin{pmatrix}0\\0\\1\end{pmatrix}=3\boldsymbol{e}_1+7\boldsymbol{e}_2+4\boldsymbol{e}_3，则 3,7,4$$

为该线性组合的系数．

习题 4.1

1. 用 $\boldsymbol{E}=(\boldsymbol{e}_1,\boldsymbol{e}_2,\boldsymbol{e}_3,\boldsymbol{e}_4)=\begin{pmatrix}1&0&0&0\\0&1&0&0\\0&0&1&0\\0&0&0&1\end{pmatrix}$ 线性表示 $\boldsymbol{b}=\begin{pmatrix}4\\7\\8\\5\end{pmatrix}$，并写出线性组合的系数．

2. 将向量组 $\left\{\begin{pmatrix}1\\0\\2\\1\end{pmatrix},\begin{pmatrix}1\\2\\0\\1\end{pmatrix},\begin{pmatrix}2\\1\\3\\1\end{pmatrix},\begin{pmatrix}2\\5\\-1\\3\end{pmatrix},\begin{pmatrix}2\\-1\\3\\-2\end{pmatrix}\right\}$ 写成矩阵形式．

4.2 线性无关与非奇异矩阵

本章的许多结论都是基于线性无关这个概念，本节将给出线性无关的定义及判定定理．

4.2.1 向量组的线性无关性

上一章说明了方程组（4.1.1）可能有唯一解，无穷多解，或者无解，解的情况与系数矩阵和增广矩阵的秩有关．按照 $\boldsymbol{A}=$

$(\boldsymbol{A}_1,\boldsymbol{A}_2,\cdots,\boldsymbol{A}_n)$，可以将方程组（4.1.1）写成

$$x_1\boldsymbol{A}_1+x_2\boldsymbol{A}_2+\cdots+x_n\boldsymbol{A}_n=\boldsymbol{b}. \tag{4.2.1}$$

从方程（4.2.1）可以断定，方程组（4.1.1）是相容的，当且仅当 $\boldsymbol{b}$ 能由向量组 $\boldsymbol{A}$ 线性表示．因此若将方程组（4.1.1）写成 $\boldsymbol{A}\boldsymbol{x}=\boldsymbol{b}$，则 $\boldsymbol{A}\boldsymbol{x}=\boldsymbol{b}$ 是相容的，当且仅当 $\boldsymbol{b}$ 是 $\boldsymbol{A}$ 的列向量组的一个线性组合．

例 4.2.1　向量 $\boldsymbol{A}_1,\boldsymbol{A}_2,\boldsymbol{A}_3,\boldsymbol{b}_1,\boldsymbol{b}_2$ 为

$$\boldsymbol{A}_1=\begin{pmatrix}1\\2\\-1\end{pmatrix},\boldsymbol{A}_2=\begin{pmatrix}1\\4\\3\end{pmatrix},\boldsymbol{A}_3=\begin{pmatrix}1\\6\\7\end{pmatrix},\boldsymbol{b}_1=\begin{pmatrix}3\\10\\5\end{pmatrix},\boldsymbol{b}_2=\begin{pmatrix}3\\12\\4\end{pmatrix},$$

用 $\boldsymbol{A}_1$，$\boldsymbol{A}_2$，$\boldsymbol{A}_3$ 线性表示 $\boldsymbol{b}_1$ 和 $\boldsymbol{b}_2$.

解　设 $\boldsymbol{A}=(\boldsymbol{A}_1,\boldsymbol{A}_2,\boldsymbol{A}_3)$，即

$$\boldsymbol{A}=\begin{pmatrix}1&1&1\\2&4&6\\-1&3&7\end{pmatrix},$$

将 $\boldsymbol{b}_1$ 表示成 $\boldsymbol{A}_1$，$\boldsymbol{A}_2$，$\boldsymbol{A}_3$ 的线性组合等价于求解一个 3×3 线性方程组 $\boldsymbol{A}\boldsymbol{x}=\boldsymbol{b}_1$，此方程组的增广矩阵为

$$\begin{pmatrix}1&1&1&3\\2&4&6&10\\-1&3&7&5\end{pmatrix},$$

化为行最简形矩阵为

$$\begin{pmatrix}1&0&-1&1\\0&1&2&2\\0&0&0&0\end{pmatrix}.$$

从而

$$\begin{cases}x_1=1+x_3,\\x_2=2-2x_3,\end{cases}$$

其中 x_3 是自由变量．因此有无穷多种方法可以将 $\boldsymbol{b}_1$ 表示成 $\boldsymbol{A}_1$，$\boldsymbol{A}_2$，$\boldsymbol{A}_3$ 的线性组合．例如，取 $x_3=3$ 得到 $x_1=4$，$x_2=-4$，所以

$$4\boldsymbol{A}_1-4\boldsymbol{A}_2+3\boldsymbol{A}_3=\boldsymbol{b}_1,$$

即

$$4\begin{pmatrix}1\\2\\-1\end{pmatrix}-4\begin{pmatrix}1\\4\\3\end{pmatrix}+3\begin{pmatrix}1\\6\\7\end{pmatrix}=\begin{pmatrix}3\\10\\5\end{pmatrix}.$$

利用同样的方法试图把 $\boldsymbol{b}_2$ 表示成 $\boldsymbol{A}_1$，$\boldsymbol{A}_2$，$\boldsymbol{A}_3$ 的线性组合，通过计算发现 $\boldsymbol{A}\boldsymbol{x}=\boldsymbol{b}_2$ 是不相容的，故 $\boldsymbol{b}_2$ 不能表示成 $\boldsymbol{A}_1$，$\boldsymbol{A}_2$，$\boldsymbol{A}_3$ 的线性组合．

用 $\boldsymbol{\theta}$ 表示 m 维零向量，即

$$\boldsymbol{\theta}=\begin{pmatrix}0\\0\\\vdots\\0\end{pmatrix},$$

则 $m\times n$ 齐次线性方程组

$$\begin{cases}a_{11}x_1+a_{12}x_2+\cdots+a_{1n}x_n=0,\\a_{21}x_1+a_{22}x_2+\cdots+a_{2n}x_n=0,\\\quad\vdots\\a_{m1}x_1+a_{m2}x_2+\cdots+a_{mn}x_n=0,\end{cases}\tag{4.2.2}$$

的矩阵形式方程为 $\boldsymbol{Ax}=\boldsymbol{0}$，且可以写成

$$x_1\boldsymbol{A}_1+x_2\boldsymbol{A}_2+\cdots+x_n\boldsymbol{A}_n=\boldsymbol{0}.\tag{4.2.3}$$

显然，齐次线性方程组（4.2.2）总有平凡解 $x_1=x_2=\cdots=x_n=0$. 因此在等式（4.2.3）中，通过取 $x_1=x_2=\cdots=x_n=0$，$\boldsymbol{0}$ 总是可以表示成 $\boldsymbol{A}$ 的列向量 $\boldsymbol{A}_1,\boldsymbol{A}_2,\cdots,\boldsymbol{A}_n$ 的线性组合．但是，齐次线性方程组（4.2.2）也可能有非平凡解，这便引出了下面的定义．

定义 4.5 m 维向量组 $\boldsymbol{v}_1,\boldsymbol{v}_2,\cdots,\boldsymbol{v}_p$ 被称为是线性无关的，若向量方程

$$a_1\boldsymbol{v}_1+a_2\boldsymbol{v}_2+\cdots+a_p\boldsymbol{v}_p=\boldsymbol{0}$$

有唯一解 $a_1=0,a_2=0,\cdots,a_p=0$. 反之，向量组被称为是线性相关的，即存在不全为零的 $a_1,a_2,\cdots,a_p$ 使得 $a_1\boldsymbol{v}_1+a_2\boldsymbol{v}_2+\cdots+a_p\boldsymbol{v}_p=\boldsymbol{0}$.

显然，任何含有零向量的向量组都是线性相关的．对于含有两个向量 $\boldsymbol{a}_1$，$\boldsymbol{a}_2$ 的向量组，向量组是线性相关的充分必要条件是 $\boldsymbol{a}_1$，$\boldsymbol{a}_2$ 的分量对应成比例．由定义 4.5，可以通过方程

$$a_1\boldsymbol{v}_1+a_2\boldsymbol{v}_2+\cdots+a_p\boldsymbol{v}_p=\boldsymbol{0}\tag{4.2.4}$$

的解的情况来判定向量组 $\boldsymbol{v}_1,\boldsymbol{v}_2,\cdots,\boldsymbol{v}_p$ 的线性相关性．如果方程（4.2.4）存在非平凡解，那么向量组是线性相关的．如果方程（4.2.4）只有平凡解，那么向量组是线性无关的．设 $\boldsymbol{V}$ 表示由向量组 $\boldsymbol{v}_1,\boldsymbol{v}_2,\cdots,\boldsymbol{v}_p$ 构成的 $m\times p$ 矩阵

$$\boldsymbol{V}=(\boldsymbol{v}_1,\boldsymbol{v}_2,\cdots,\boldsymbol{v}_p),$$

则方程（4.2.4）等同于矩阵方程

$$\boldsymbol{Vx}=\boldsymbol{0}.$$

因此要确定向量组 $\boldsymbol{v}_1,\boldsymbol{v}_2,\cdots,\boldsymbol{v}_p$ 是线性无关的还是线性相关的，可以通过对 $\boldsymbol{V}$ 施行初等行变换，将其化简为行阶梯形矩阵来判断．

如果方程组有非平凡解，那么 $\boldsymbol{v}_1, \boldsymbol{v}_2, \cdots, \boldsymbol{v}_p$ 是线性相关的；如果方程组只有平凡解，那么 $\boldsymbol{v}_1, \boldsymbol{v}_2, \cdots, \boldsymbol{v}_p$ 是线性无关的．

例 4.2.2 判断向量组 $\boldsymbol{v}_1, \boldsymbol{v}_2, \boldsymbol{v}_3$ 是线性无关的还是线性相关的，其中

$$\boldsymbol{v}_1=\begin{pmatrix}1\\2\\3\end{pmatrix}, \boldsymbol{v}_2=\begin{pmatrix}2\\3\\5\end{pmatrix}, \boldsymbol{v}_3=\begin{pmatrix}4\\7\\11\end{pmatrix}.$$

解 要确定向量组是线性无关的还是线性相关的，必须先确定向量方程

$$x_1\boldsymbol{v}_1+x_2\boldsymbol{v}_2+x_3\boldsymbol{v}_3=\boldsymbol{0} \tag{4.2.5}$$

是否有非平凡解．方程（4.2.5）等同于 3×3 齐次线性方程组 $\boldsymbol{Vx}=\boldsymbol{0}$，其中 $\boldsymbol{V}=(\boldsymbol{v}_1, \boldsymbol{v}_2, \boldsymbol{v}_3)$，即

$$\boldsymbol{V}=\begin{pmatrix}1&2&4\\2&3&7\\3&5&11\end{pmatrix}.$$

对其施行初等行变换得到

$$\boldsymbol{V}=\begin{pmatrix}1&2&4\\0&1&1\\0&0&0\end{pmatrix}.$$

因为 $r(\boldsymbol{V})=2<3$，所以方程组有无穷多个解，因此向量组 $\boldsymbol{v}_1, \boldsymbol{v}_2, \boldsymbol{v}_3$ 是线性相关的．

特别地，通过将 $\boldsymbol{V}$ 化为行最简形矩阵可得

$$\begin{cases}x_1=-2x_3,\\x_2=-x_3.\end{cases}$$

若令 $x_3=-1$，则 $x_1=2$，$x_2=1$. 因此 $2\boldsymbol{v}_1+\boldsymbol{v}_2-\boldsymbol{v}_3=\boldsymbol{0}$，即 $\boldsymbol{v}_i$ 可由另外两个向量线性表示．

事实上，若向量组 $\boldsymbol{v}_1, \boldsymbol{v}_2, \cdots, \boldsymbol{v}_p$ 是线性相关的，则其中至少有一个向量可由其余 $p-1$ 个向量线性表示，如 $\boldsymbol{v}_1=\begin{pmatrix}1\\0\\0\end{pmatrix}$，$\boldsymbol{v}_2=\begin{pmatrix}2\\0\\0\end{pmatrix}$，$\boldsymbol{v}_3=\begin{pmatrix}0\\0\\1\end{pmatrix}$，显然，$\boldsymbol{v}_1, \boldsymbol{v}_2, \boldsymbol{v}_3$ 是线性相关的，$\boldsymbol{v}_1$ 可以由 $\boldsymbol{v}_2, \boldsymbol{v}_3$ 线性表示，$\boldsymbol{v}_2$ 可以由 $\boldsymbol{v}_1, \boldsymbol{v}_3$ 线性表示，但 $\boldsymbol{v}_3$ 不可以由 $\boldsymbol{v}_1, \boldsymbol{v}_2$ 线性表示．

例 4.2.3 判断向量组 $\boldsymbol{v}_1, \boldsymbol{v}_2, \boldsymbol{v}_3$ 是线性相关的还是线性无关的，其中

$$\boldsymbol{v}_1=\begin{pmatrix}1\\1\\2\end{pmatrix},\boldsymbol{v}_2=\begin{pmatrix}2\\-3\\-4\end{pmatrix},\boldsymbol{v}_3=\begin{pmatrix}3\\1\\2\end{pmatrix}.$$

解 矩阵

$$\boldsymbol{V}=\begin{pmatrix}1&2&3\\1&-3&1\\2&-4&2\end{pmatrix},$$

对其施行初等行变换得到

$$\begin{pmatrix}1&0&0\\0&1&0\\0&0&1\end{pmatrix}.$$

因此方程组只有平凡解 $x_1=x_2=x_3=0$，故向量组 $\boldsymbol{v}_1,\boldsymbol{v}_2,\boldsymbol{v}_3$ 是线性无关的.

例 4.2.4 证明下列向量构成的向量组是线性相关的，

$$\boldsymbol{v}_1=\begin{pmatrix}1\\2\end{pmatrix},\boldsymbol{v}_2=\begin{pmatrix}2\\2\end{pmatrix},\boldsymbol{v}_3=\begin{pmatrix}3\\1\end{pmatrix}.$$

证 向量组对应的齐次线性方程组为

$$\begin{cases}x_1+2x_2+3x_3=0,\\2x_1+2x_2+x_3=0.\end{cases}$$

因为此方程组包含两个方程三个未知数，故方程组一定有非平凡解，从而向量组是线性相关的.

因此可以得到下面的定理.

定理 4.1 设 $\boldsymbol{v}_1,\boldsymbol{v}_2,\cdots,\boldsymbol{v}_p$ 为 $\mathbf{R}^m$ 中的一个向量组，如果 $p>m$，那么向量组是线性相关的.

事实上，如果 $p\leqslant m$，那么向量组可能是线性无关的也可能是线性相关的，如例 4.2.2 和例 4.2.3 所示.

另外，下列两个定理也可以用来判断向量组的线性相关性.

定理 4.2 如果向量组 $\boldsymbol{a}_1,\boldsymbol{a}_2,\cdots,\boldsymbol{a}_m$ 线性相关，则向量组 $\boldsymbol{a}_1,\boldsymbol{a}_2,\cdots,\boldsymbol{a}_m,\boldsymbol{a}_{m+1}$ 也线性相关.

定理 4.3 如果向量组 $\boldsymbol{a}_1,\boldsymbol{a}_2,\cdots,\boldsymbol{a}_{m-1},\boldsymbol{a}_m$ 线性无关，则向量组 $\boldsymbol{a}_1,\boldsymbol{a}_2,\cdots,\boldsymbol{a}_{m-1}$ 也线性无关.⊖

⊖ 思考：定理 4.2 和定理 4.3 的逆命题是否成立？

4.2.2 非奇异矩阵

由克拉默法则，若 $n\times n$ 矩阵 $\boldsymbol{A}$ 是非奇异的，则 $\boldsymbol{Ax}=\boldsymbol{0}$ 有唯一解 $x=0$. 如果 $\boldsymbol{A}=(\boldsymbol{A}_1,\boldsymbol{A}_2,\cdots,\boldsymbol{A}_n)$，那么 $\boldsymbol{Ax}=\boldsymbol{0}$ 就可以写成

$$x_1\boldsymbol{A}_1+x_2\boldsymbol{A}_2+\cdots+x_n\boldsymbol{A}_n=\boldsymbol{0}.$$

因此 $\boldsymbol{A}$ 是非奇异的当且仅当 $\boldsymbol{A}$ 的列向量组是线性无关的.

定理 4.4 $n\times n$ 矩阵 $\boldsymbol{A}=(\boldsymbol{A}_1,\boldsymbol{A}_2,\cdots,\boldsymbol{A}_n)$ 是非奇异的当且仅当 $\boldsymbol{A}_1,\boldsymbol{A}_2,\cdots,\boldsymbol{A}_n$是线性无关的.

例 4.2.5 判断下列向量组是线性无关的还是线性相关的，

$$\boldsymbol{A}=\left\{\begin{pmatrix}1\\3\end{pmatrix},\begin{pmatrix}2\\4\end{pmatrix}\right\},\boldsymbol{B}=\left\{\begin{pmatrix}2\\4\end{pmatrix},\begin{pmatrix}4\\8\end{pmatrix}\right\}.$$

解 向量组 $\boldsymbol{A}$ 对应的矩阵为$\begin{pmatrix}1&2\\3&4\end{pmatrix}$，因为 $|\boldsymbol{A}|=-2\neq0$，所以 $\boldsymbol{A}$ 是非奇异的，即向量组 $\boldsymbol{A}$ 是线性无关的.

向量组 $\boldsymbol{B}$ 对应的矩阵为$\begin{pmatrix}2&4\\4&8\end{pmatrix}$，因为 $|\boldsymbol{A}|=0$，所以 $\boldsymbol{A}$ 是奇异的，即向量组 $\boldsymbol{B}$ 是线性相关的.

下面定理总结了非奇异矩阵的一些性质.

定理 4.5 设 $\boldsymbol{A}$ 为 $n\times n$ 矩阵，则下列结论是等价的：

(1) $\boldsymbol{A}$ 是非奇异的，即 $|\boldsymbol{A}|\neq0$；

(2) $\boldsymbol{Ax}=\boldsymbol{0}$ 有唯一解 $x=0$；

(3) $\boldsymbol{A}$ 的列向量组是线性无关的；

(4) $\boldsymbol{Ax}=\boldsymbol{b}$ 有唯一解；

(5) $\boldsymbol{A}$ 可逆；

(6) $\boldsymbol{A}$ 行等价于 $\boldsymbol{E}$.

习题 4.2

1. 选择题：

(1) 设 $\boldsymbol{a}_1=(1,t,1)^{\mathrm{T}}$，$\boldsymbol{a}_2=(1,2,1)^{\mathrm{T}}$，$\boldsymbol{a}_3=(1,1,t)^{\mathrm{T}}$，则当(　　)时，向量组 $\boldsymbol{a}_1$，$\boldsymbol{a}_2$，$\boldsymbol{a}_3$ 线性无关.

(A) $t=1$；　　(B) $t\neq1$；

(C) $t=2$；　　(D) $t=3$.

(2) 向量组 $\boldsymbol{a}_1,\boldsymbol{a}_2,\cdots,\boldsymbol{a}_s$ ($s\geqslant2$) 线性无关的充分条件是(　　).

(A) $\boldsymbol{a}_1,\boldsymbol{a}_2,\cdots,\boldsymbol{a}_s$都不是零向量；

(B) 有一组数 $k_1=k_2=\cdots=k_s=0$，使得 $k_1\boldsymbol{a}_1+k_2\boldsymbol{a}_2+\cdots+k_s\boldsymbol{a}_s=\boldsymbol{0}$；

(C) $\boldsymbol{a}_1,\boldsymbol{a}_2,\cdots,\boldsymbol{a}_s$中任意一个向量都不能由其余 $s-1$ 个向量线性表示；

(D) $\boldsymbol{a}_1,\boldsymbol{a}_2,\cdots,\boldsymbol{a}_s$中有一部分向量线性无关.

(3) 向量组 $\boldsymbol{a}_1,\boldsymbol{a}_2,\cdots,\boldsymbol{a}_s$ 线性相关的充要条件是（　）.

(A) $\boldsymbol{a}_1,\boldsymbol{a}_2,\cdots,\boldsymbol{a}_s$ 中至少有一个是零向量；

(B) $\boldsymbol{a}_1,\boldsymbol{a}_2,\cdots,\boldsymbol{a}_s$ 中至少有一个向量可由其余 $s-1$ 个向量线性表示；

(C) $\boldsymbol{a}_1,\boldsymbol{a}_2,\cdots,\boldsymbol{a}_s$ 中至少有两个向量的对应分量成比例；

(D) $\boldsymbol{a}_1,\boldsymbol{a}_2,\cdots,\boldsymbol{a}_s$ 中的任一部分组线性相关.

2. 判断下列向量组是线性相关还是线性无关：

(1) $\boldsymbol{a}_1=(1,2,3)^{\mathrm{T}}$，$\boldsymbol{a}_2=(0,1,-1)^{\mathrm{T}}$，$\boldsymbol{a}_3=(0,0,7)^{\mathrm{T}}$；

(2) $\boldsymbol{a}_1=(1,-1,2,-1)^{\mathrm{T}}$，$\boldsymbol{a}_2=(1,1,-1,1)^{\mathrm{T}}$，$\boldsymbol{a}_3=(3,1,0,1)^{\mathrm{T}}$；

(3) $\boldsymbol{a}_1=(1,1,1,1)^{\mathrm{T}}$，$\boldsymbol{a}_2=(1,1,1,0)^{\mathrm{T}}$，$\boldsymbol{a}_3=(1,1,0,0)^{\mathrm{T}}$，$\boldsymbol{a}_4=(1,0,0,0)^{\mathrm{T}}$；

(4) $\boldsymbol{a}_1=(-2,1,0,3)^{\mathrm{T}}$，$\boldsymbol{a}_2=(1,-3,2,4)^{\mathrm{T}}$，$\boldsymbol{a}_3=(3,0,2,-1)^{\mathrm{T}}$，$\boldsymbol{a}_4=(2,-2,4,6)^{\mathrm{T}}$.

4.3 向量空间与子空间

本节将介绍向量空间、子空间的概念及性质.

4.3.1 向量空间

回忆一下，$\mathbf{R}^n$ 代表分量为实数的 n 维向量的集合：

$$\mathbf{R}^n=\left\{\boldsymbol{x}:\boldsymbol{x}=\begin{pmatrix}x_1\\x_2\\\vdots\\x_n\end{pmatrix},x_1,x_2,\cdots,x_n\text{为实数}\right\}.$$

如果向量 $\boldsymbol{x}$ 和向量 $\boldsymbol{y}$ 是 $\mathbf{R}^n$ 中的元素，其中

$$\boldsymbol{x}=\begin{pmatrix}x_1\\x_2\\\vdots\\x_n\end{pmatrix},\boldsymbol{y}=\begin{pmatrix}y_1\\y_2\\\vdots\\y_n\end{pmatrix},$$

那么向量 $\boldsymbol{x}+\boldsymbol{y}$ 为

$$\boldsymbol{x}+\boldsymbol{y}=\begin{pmatrix}x_1+y_1\\x_2+y_2\\\vdots\\x_n+y_n\end{pmatrix}.$$

如果 a 是实数，那么向量 $a\boldsymbol{x}$ 为

$$a\boldsymbol{x}=\begin{pmatrix}ax_1\\ax_2\\\vdots\\ax_n\end{pmatrix}.$$

显然，$\boldsymbol{x}+\boldsymbol{y}\in\mathbf{R}^n$，$a\boldsymbol{x}\in\mathbf{R}^n$.

定义 4.6 若集合中任意两个元素作某一运算得到的结果仍属于该集合，则称集合对于该运算是封闭的．

下面介绍向量空间的有关知识．

定义 4.7 设 V 是 n 维向量的集合，如果集合 V 非空，且集合 V 对于向量的加法和数乘两种运算封闭，即

（ⅰ）若 $\boldsymbol{a}\in V$，$\boldsymbol{b}\in V$，则 $\boldsymbol{a}+\boldsymbol{b}\in V$.（对加法封闭）

（ⅱ）若 $\boldsymbol{a}\in V$，$l\in \mathbf{R}$，则 $l\boldsymbol{a}\in V$.（对数乘封闭）

那么称集合 V 为向量空间．

由定义 4.7，$\mathbf{R}^n$ 就是向量空间．下面的定理给出了向量加法和数乘的运算性质．

定理 4.6 如果 $\boldsymbol{x},\boldsymbol{y},\boldsymbol{z}$ 是向量空间 $\mathbf{R}^n$ 中的向量，$\boldsymbol{a}$ 和 $\boldsymbol{b}$ 是实数，那么下面的性质成立：

封闭性质：

(a_1) $\boldsymbol{x}+\boldsymbol{y}$ 属于 $\mathbf{R}^n$；

(a_2) $a\boldsymbol{x}$ 是属于 $\mathbf{R}^n$.

加法性质：

(b_1) $\boldsymbol{x}+\boldsymbol{y}=\boldsymbol{y}+\boldsymbol{x}$；

(b_2) $\boldsymbol{x}+(\boldsymbol{y}+\boldsymbol{z})=(\boldsymbol{x}+\boldsymbol{y})+\boldsymbol{z}$；

(b_3) $\mathbf{R}^n$ 包含零向量 $\mathbf{0}$，且对于 $\mathbf{R}^n$ 中任意向量 $\boldsymbol{x}$ 有 $\boldsymbol{x}+\mathbf{0}=\mathbf{0}+\boldsymbol{x}=\boldsymbol{x}$；

(b_4) 对于 $\mathbf{R}^n$ 中的向量 $\boldsymbol{x}$，$\mathbf{R}^n$ 中一定存在向量 $-\boldsymbol{x}$，使得 $\boldsymbol{x}+(-\boldsymbol{x})=\mathbf{0}$.

数乘性质：

(c_1) $a(b\boldsymbol{x})=(ab)\boldsymbol{x}$；

(c_2) $a(\boldsymbol{x}+\boldsymbol{y})=a\boldsymbol{x}+a\boldsymbol{y}$；

(c_3) $(a+b)\boldsymbol{x}=a\boldsymbol{x}+b\boldsymbol{x}$；

(c_4) 对于 $\mathbf{R}^n$ 中任意向量 $\boldsymbol{x}$ 有 $1\boldsymbol{x}=\boldsymbol{x}$.

例 4.3.1 设向量 $\boldsymbol{x}=(2,3,5)^{\mathrm{T}}$，向量 $\boldsymbol{y}=(1,4,-6)^{\mathrm{T}}$，计算 $-\boldsymbol{x}$ 和 $2\boldsymbol{x}-3\boldsymbol{y}$.

解 由 $\boldsymbol{x}+(-\boldsymbol{x})=\mathbf{0}$，可得 $-\boldsymbol{x}=-(2,3,5)^{\mathrm{T}}=(-2,-3,-5)^{\mathrm{T}}$.

$2\boldsymbol{x}-3\boldsymbol{y}=2(2,3,5)^{\mathrm{T}}-3(1,4,-6)^{\mathrm{T}}=(4,6,10)^{\mathrm{T}}-(3,12,-18)^{\mathrm{T}}=(1,-6,28)^{\mathrm{T}}$.

例 4.3.2 解向量方程 $2(\boldsymbol{x}+\boldsymbol{l})-3(\boldsymbol{y}+\boldsymbol{l})+2\boldsymbol{z}=\boldsymbol{0}$，其中向量 $\boldsymbol{x}=(1,2,0)^{\mathrm{T}}$，向量 $\boldsymbol{y}=(2,-1,4)^{\mathrm{T}}$，向量 $\boldsymbol{z}=(3,0,-1)^{\mathrm{T}}$.

解 由向量方程可得

$$\boldsymbol{l}=2\boldsymbol{x}-3\boldsymbol{y}+2\boldsymbol{z},$$

所以有

$$\boldsymbol{l}=2\boldsymbol{x}-3\boldsymbol{y}+2\boldsymbol{z}=(2,7,-14).$$

例 4.3.3 3 维向量的全体 $\mathbf{R}^3$ 是一个向量空间．

事实上，任意两个 3 维向量的和是 3 维向量，实数与 3 维向量的乘积仍为 3 维向量．

例 4.3.4 齐次线性方程组的解集合 $V=\{\boldsymbol{x}=(x_1,x_2,\cdots,x_n)^{\mathrm{T}} \mid \boldsymbol{A}\boldsymbol{x}=\boldsymbol{0}\}$ 构成一个向量空间，并称其为齐次线性方程组的解空间．事实上，根据解的性质，V 对于向量加法和数乘均封闭．

例 4.3.5 非齐次线性方程组的解集合 $V=\{\boldsymbol{x}=(x_1,x_2,\cdots,x_n)^{\mathrm{T}} \mid \boldsymbol{A}\boldsymbol{x}=\boldsymbol{b}\}$ 不是向量空间．这是因为当 V 为空集时，V 不是向量空间，当 V 为非空集时，V 对于向量加法和数乘都不封闭．

4.3.2 子空间

定义 4.8 设 W 是向量空间 V 的非空子集，若 W 对于向量的加法和数乘两种运算封闭，则称 W 是向量空间 V 的子空间．

根据定义 4.8，可以给出向量空间的子空间的判定定理．

定理 4.7 V 的非空子集 W 是 V 的子空间当且仅当它满足下面的条件：

（ⅰ）若向量 $\boldsymbol{x}$ 和向量 $\boldsymbol{y}$ 属于 W，则向量 $\boldsymbol{x}+\boldsymbol{y}$ 属于 W.

（ⅱ）若向量 $\boldsymbol{x}$ 属于 W 且 a 为任意实数，则向量 $a\boldsymbol{x}$ 属于 W.

例 4.3.6 设 W 是 $\mathbf{R}^3$ 的子集，定义为

$$W=\left\{\boldsymbol{x}:\boldsymbol{x}=\begin{pmatrix}0\\x_2\\x_3\end{pmatrix},x_2\text{ 和 }x_3\text{ 为任意实数}\right\}.$$

证明 W 是 $\mathbf{R}^3$ 的子空间．

证 为了证明 W 是 $\mathbf{R}^3$ 的子空间，只需证明 W 满足定理 4.7 的条件即可．设向量 $\boldsymbol{u}$ 和向量 $\boldsymbol{v}$ 属于 W，a 是任意实数，其中

$$u=\begin{pmatrix}0\\u_2\\u_3\end{pmatrix},v=\begin{pmatrix}0\\v_2\\v_3\end{pmatrix}.$$

因为

$$u+v=\begin{pmatrix}0\\u_2+v_2\\u_3+v_3\end{pmatrix}\in W,au=\begin{pmatrix}0\\au_2\\au_3\end{pmatrix}\in W,$$

所以 W 是 $\mathbf{R}^3$ 的子空间.

例 4.3.7 设 W 是 $\mathbf{R}^3$ 的子集，定义为

$$W=\left\{x:x=\begin{pmatrix}x_1\\x_2\\x_3\end{pmatrix},x_2=2x_1,x_3=3x_1,x_1\text{为任意实数}\right\}.$$

证明 W 是 $\mathbf{R}^3$ 的子空间.

证 设向量 u 和向量 v 属于 W，a 是任意实数，其中

$$u=\begin{pmatrix}u_1\\u_2\\u_3\end{pmatrix},v=\begin{pmatrix}v_1\\v_2\\v_3\end{pmatrix}.$$

因为向量 $u+v$ 和向量 au 为

$$u+v=\begin{pmatrix}u_1+v_1\\u_2+v_2\\u_3+v_3\end{pmatrix},au=\begin{pmatrix}au_1\\au_2\\au_3\end{pmatrix},$$

并且 $u_2+v_2=2(u_1+v_1)$，$u_3+v_3=3(u_1+v_1)$，$au_2=2au_1$，$au_3=3au_1$，所以 $u+v\in W$，$au\in W$. 因此 W 是 $\mathbf{R}^3$ 的子空间.

例 4.3.8 设 W 是 $\mathbf{R}^3$ 的子集，定义为

$$W=\left\{x:x=\begin{pmatrix}x_1\\x_2\\3\end{pmatrix},x_1\text{和 }x_2\text{为任意实数}\right\}.$$

证明 W 不是 $\mathbf{R}^3$ 的子空间.

证 设向量 u 和向量 v 属于 W，其中

$$u=\begin{pmatrix}u_1\\u_2\\3\end{pmatrix},v=\begin{pmatrix}v_1\\v_2\\3\end{pmatrix}.$$

因为

$$u+v=\begin{pmatrix}u_1+v_1\\u_2+v_2\\6\end{pmatrix}\notin W,$$

所以 W 不是 $\mathbf{R}^3$ 的子空间 .

4.3.3 子集生成的空间

定理 4.8 设 $\boldsymbol{v}_1,\boldsymbol{v}_2,\cdots,\boldsymbol{v}_r$ 是 $\mathbf{R}^n$ 中的向量，则由 $\boldsymbol{v}_1,\boldsymbol{v}_2,\cdots,\boldsymbol{v}_r$ 所有的线性组合构成的集合 W 是 $\mathbf{R}^n$ 的子空间 .

证 设向量 $\boldsymbol{x}$ 和向量 $\boldsymbol{y}$ 属于 W，则存在 λ_1，…，λ_r 和 μ_1，…，μ_r 使得

$$\boldsymbol{x}=\lambda_1\boldsymbol{v}_1+\cdots+\lambda_r\boldsymbol{v}_r,\boldsymbol{y}=\mu_1\boldsymbol{v}_1+\cdots+\mu_r\boldsymbol{v}_r.$$

因为向量

$$\boldsymbol{x}+\boldsymbol{y}=(\lambda_1+\mu_1)\boldsymbol{v}_1+\cdots+(\lambda_r+\mu_r)\boldsymbol{v}_r\in W,$$

并且对于任意的实数 a，$a\boldsymbol{x}=a\lambda_1\boldsymbol{v}_1+\cdots+a\lambda_r\boldsymbol{v}_r\in W$. 因此 W 是 $\mathbf{R}^n$ 的子空间 .

定义 4.9 设 $V=\{\boldsymbol{v}_1,\cdots,\boldsymbol{v}_r\}$ 是 $\mathbf{R}^n$ 的子集，由 $\boldsymbol{v}_1,\cdots,\boldsymbol{v}_r$ 的所有线性组合构成的子空间称为由 $V=\{\boldsymbol{v}_1,\cdots,\boldsymbol{v}_r\}$ 生成的子空间，记为 $Sp\{V\}$ 或 $Sp\{\boldsymbol{v}_1,\cdots,\boldsymbol{v}_r\}$.

例如 $Sp\{\boldsymbol{v}\}=\left\{a\begin{pmatrix}3\\4\\5\end{pmatrix},\ a\text{ 为任意实数}\right\}$ 表示经过原点和点 (3,4,5) 的直线 .

例 4.3.9 设 $\boldsymbol{u}$ 和 $\boldsymbol{v}$ 为三维向量，其中

$$\boldsymbol{u}=\begin{pmatrix}1\\3\\1\end{pmatrix},\boldsymbol{v}=\begin{pmatrix}1\\1\\3\end{pmatrix}.$$

试确定 $W=Sp\{\boldsymbol{u},\boldsymbol{v}\}$，并给出 W 的几何解释 .

解 设 $\boldsymbol{x}=\begin{pmatrix}x_1\\x_2\\x_3\end{pmatrix}\in W$，即存在实数 a_1 和 a_2 满足 $\boldsymbol{x}=a_1\boldsymbol{u}+a_2\boldsymbol{v}$，因此

$$\begin{cases}x_1=a_1+a_2,\\x_2=3a_1+a_2,\\x_3=a_1+3a_2.\end{cases}$$

因为 $\boldsymbol{x}$ 是 $\boldsymbol{u}$ 和 $\boldsymbol{v}$ 的线性组合等价于方程 $\boldsymbol{x}=a_1\boldsymbol{u}+a_2\boldsymbol{v}$ 是相容的，所以需要考虑上述线性方程组的增广矩阵

$$\begin{pmatrix}1&1&x_1\\3&1&x_2\\1&3&x_3\end{pmatrix},$$

将其化为行阶梯形矩阵为

$$\begin{pmatrix}1&1&x_1\\0&-2&-3x_1+x_2\\0&0&-4x_1+x_2+x_3\end{pmatrix}.$$

因此线性方程组是相容的当且仅当 $-4x_1+x_2+x_3=0$，故

$$W=\left\{\boldsymbol{x}:\boldsymbol{x}=\begin{pmatrix}x_1\\x_2\\x_3\end{pmatrix},-4x_1+x_2+x_3=0\right\}.$$

几何上 W 是三维空间中方程为 $-4x_1+x_2+x_3=0$ 的平面.

习题 4.3

1. 判断下列向量集合是否构成向量空间：

(1) $V_1=\left\{\boldsymbol{x}:\boldsymbol{x}=\begin{pmatrix}x_1\\x_2\\x_3\end{pmatrix},x_1x_2=0,x_1,x_2,x_3\in\mathbf{R}\right\}$；

(2) $V_2=\left\{\boldsymbol{x}:\boldsymbol{x}=\begin{pmatrix}x_1\\\vdots\\x_n\end{pmatrix},x_1+x_2+\cdots+x_n=0,x_1,x_2,\cdots,x_n\in\mathbf{R}\right\}$；

(3) $V_3=\left\{\boldsymbol{x}:\boldsymbol{x}=\begin{pmatrix}x_1\\\vdots\\x_n\end{pmatrix},x_1+x_2+\cdots+x_n=1,x_1,x_2,\cdots,x_n\in\mathbf{R}\right\}$；

(4) $V_4=\left\{\boldsymbol{x}:\boldsymbol{x}=\begin{pmatrix}x_1\\x_2\\x_3\end{pmatrix},2x_1+3x_2-4x_3=1,x_1,x_2,x_3\in\mathbf{R}\right\}$；

(5) $V_5=\left\{\boldsymbol{x}:\boldsymbol{x}=\begin{pmatrix}x_1\\x_2\\x_3\end{pmatrix},x_1-2x_2+3x_3=0,x_1,x_2,x_3\in\mathbf{R}\right\}$；

(6) $V_6=\left\{\boldsymbol{x}:\boldsymbol{x}=\begin{pmatrix}x_1\\x_2\\x_3\end{pmatrix},x_1^2+2x_2-3x_3=0,x_1,x_2,x_3\in\mathbf{R}\right\}$.

4.4 基底与坐标

4.4.1 向量空间的生成集合

设 $\boldsymbol{e}_1=\begin{pmatrix}1\\0\end{pmatrix}$，$\boldsymbol{e}_2=\begin{pmatrix}0\\1\end{pmatrix}$，$\boldsymbol{a}=\begin{pmatrix}1\\1\end{pmatrix}$，$\boldsymbol{b}=\begin{pmatrix}2\\1\end{pmatrix}$，由定义 4.9 有

$$Sp\{\boldsymbol{e}_1,\boldsymbol{e}_2\}=Sp\{\boldsymbol{e}_1,\boldsymbol{a}\}=Sp\{\boldsymbol{e}_1,\boldsymbol{a},\boldsymbol{b}\}=\mathbf{R}^2.$$

这表明不同的集合可以生成相同的向量空间．因此，可以得到如下定义．

定义 4.10 设 W 是向量空间，$S=\{w_1,\cdots,w_m\}$ 为 W 的非空子集．如果 W 中的任意向量 $\boldsymbol{w}$ 都可以表示成 S 中向量的线性组合，即

$$\boldsymbol{w}=a_1\boldsymbol{w}_1+\cdots+a_m\boldsymbol{w}_m,$$

则称 S 是 W 的一个生成集合，或称 S 生成 W.

如上例所示，集合 $\{\boldsymbol{e}_1,\boldsymbol{e}_2\}$，$\{\boldsymbol{e}_1,\boldsymbol{a}\}$，$\{\boldsymbol{e}_1,\boldsymbol{a},\boldsymbol{b}\}$ 都是 $\mathbf{R}^2$ 的生成集合，那么 $\mathbf{R}^2$ 是否还有其他生成集合？

例 4.4.1 在 $\mathbf{R}^2$ 中，设 $S=\{\boldsymbol{w}_1,\boldsymbol{w}_2\}$，其中

$$\boldsymbol{w}_1=\begin{pmatrix}1\\-2\end{pmatrix},\boldsymbol{w}_2=\begin{pmatrix}-2\\3\end{pmatrix}.$$

判断 S 是否是 $\mathbf{R}^2$ 的生成集合．

解 设 $\mathbf{R}^2$ 中的任意向量 $\boldsymbol{b}=\begin{pmatrix}b_1\\b_2\end{pmatrix}$ 都可以由 $\boldsymbol{w}_1$，$\boldsymbol{w}_2$ 线性表示，则存在实数 x_1，x_2 使得

$$x_1\boldsymbol{w}_1+x_2\boldsymbol{w}_2=\boldsymbol{b}.$$

因为 $\boldsymbol{b}$ 可以由 $\boldsymbol{w}_1$，$\boldsymbol{w}_2$ 线性表示等价于上述方程是相容的，因此考虑上述方程对应的增广矩阵

$$\begin{pmatrix}1&-2&b_1\\-2&3&b_2\end{pmatrix}.$$

经一系列初等行变换可得

$$\begin{pmatrix}1&0&-3b_1-2b_2\\0&1&-2b_1-b_2\end{pmatrix},$$

因此

$$\begin{cases}x_1=-3b_1-2b_2,\\x_2=-2b_1-b_2\end{cases}$$

是向量方程的解，而该向量方程总有解，所以 S 是 $\mathbf{R}^2$ 的生成集合．

4.4.2 向量空间的基底和维数

观察 $\mathbf{R}^2$ 的生成集合发现，$\mathbf{R}^2$ 的生成集合不止一个，其中 $\boldsymbol{e}_1$，$\boldsymbol{a}$，$\boldsymbol{b}$ 是线性相关的，而 $\boldsymbol{e}_1$，$\boldsymbol{e}_2$ 和 $\boldsymbol{e}_1$，$\boldsymbol{a}$ 是线性无关的．线性相关的生成集合中有一个向量是其余向量的线性组合，因此可以将其从该生成集合中去掉，得到更小的生成集合．

定义 4.11　设 V 是向量空间，如果 V 中的 r 个向量 $\boldsymbol{a}_1,\boldsymbol{a}_2,\cdots,\boldsymbol{a}_r$ 满足

（ⅰ）$\boldsymbol{a}_1,\boldsymbol{a}_2,\cdots,\boldsymbol{a}_r$ 线性无关；

（ⅱ）V 中任意一个向量都能由 $\boldsymbol{a}_1,\boldsymbol{a}_2,\cdots,\boldsymbol{a}_r$ 线性表示，

则称向量组 $\boldsymbol{a}_1,\boldsymbol{a}_2,\cdots,\boldsymbol{a}_r$ 是向量空间 V 的一个基底，简称为基，r 称为向量空间 V 的维数，记为 $\dim(V)=r$，并称 V 为 r 维向量空间．

如果向量空间 V 没有基，那么 V 的维数为 0．0 维向量空间只含一个零向量．通过 $\mathbf{R}^2$ 的生成集合可以发现，向量空间的基不唯一，但维数唯一．

例 4.4.2　设 W 是 $\mathbf{R}^4$ 的子空间，由集合 $S=\{\boldsymbol{w}_1,\boldsymbol{w}_2,\boldsymbol{w}_3,\boldsymbol{w}_4,\boldsymbol{w}_5\}$ 生成，其中

$$\boldsymbol{w}_1=\begin{pmatrix}1\\0\\2\\1\end{pmatrix},\boldsymbol{w}_2=\begin{pmatrix}1\\2\\0\\1\end{pmatrix},\boldsymbol{w}_3=\begin{pmatrix}2\\1\\3\\0\end{pmatrix},\boldsymbol{w}_4=\begin{pmatrix}2\\5\\-1\\4\end{pmatrix},\boldsymbol{w}_5=\begin{pmatrix}1\\-1\\3\\-1\end{pmatrix}.$$

求 S 的一个子集，使它成为 W 的一个基．

解　构造向量方程

$$x_1\boldsymbol{w}_1+x_2\boldsymbol{w}_2+x_3\boldsymbol{w}_3+x_4\boldsymbol{w}_4+x_5\boldsymbol{w}_5=\boldsymbol{0},$$

它对应的系数矩阵为

$$\boldsymbol{A}=\begin{pmatrix}1&1&2&2&1\\0&2&1&5&-1\\2&0&3&-1&3\\1&1&0&4&-1\end{pmatrix},$$

经一系列初等行变换可得

$$\boldsymbol{B}=\begin{pmatrix}1&0&0&1&0\\0&1&0&3&-1\\0&0&1&-1&1\\0&0&0&0&0\end{pmatrix},$$

因此向量方程的解为

$$\begin{cases}x_1=-\ x_4,\\x_2=-3x_4+x_5,\\x_3=\ \ x_4-x_5.\end{cases}$$

取 $x_4=-1$，$x_5=0$，则 $x_1=1$，$x_2=3$，$x_3=-1$，从而有

$$\boldsymbol{w}_1+3\boldsymbol{w}_2-\boldsymbol{w}_3-\boldsymbol{w}_4=\boldsymbol{0};$$

取 $x_4=0$，$x_5=1$，则 $x_1=0$，$x_2=1$，$x_3=-1$，从而有

$$\boldsymbol{w}_2-\boldsymbol{w}_3+\boldsymbol{w}_5=\boldsymbol{0}.$$

因此 $\boldsymbol{w}_4=\boldsymbol{w}_1+3\boldsymbol{w}_2-\boldsymbol{w}_3$，$\boldsymbol{w}_5=-\boldsymbol{w}_2+\boldsymbol{w}_3$，$\boldsymbol{w}_4$，$\boldsymbol{w}_5$ 可以由 $\boldsymbol{w}_1$，$\boldsymbol{w}_2$，$\boldsymbol{w}_3$ 线性表示，而 $\boldsymbol{w}_1$，$\boldsymbol{w}_2$，$\boldsymbol{w}_3$ 是线性无关的，故 $\boldsymbol{w}_1$，$\boldsymbol{w}_2$，$\boldsymbol{w}_3$ 是 W 的一个基．

上例表明，可以利用 $\boldsymbol{A}$ 的行阶梯形矩阵 $\boldsymbol{B}$ 求 $\boldsymbol{A}$ 的列空间的一组基，即只需求 $\boldsymbol{B}$ 中非零行的首非零元素所在列即可．$\boldsymbol{A}$ 中的相应列向量是线性无关的，并构成 $\boldsymbol{A}$ 的列空间的一组基．但需要注意的是行阶梯形矩阵 $\boldsymbol{B}$ 仅能说明 $\boldsymbol{A}$ 的哪一列可以构成基，不能用 $\boldsymbol{B}$ 的列向量作为基，这是因为 $\boldsymbol{B}$ 和 $\boldsymbol{A}$ 一般有不同的列空间．

例 4.4.3 设 W 为 $\mathbf{R}^3$ 的子空间，由集合 $S=\{\boldsymbol{s}_1,\boldsymbol{s}_2,\boldsymbol{s}_3,\boldsymbol{s}_4\}$ 生成，其中

$$\boldsymbol{s}_1=\begin{pmatrix}1\\2\\-2\end{pmatrix},\boldsymbol{s}_2=\begin{pmatrix}1\\3\\-4\end{pmatrix},\boldsymbol{s}_3=\begin{pmatrix}-2\\4\\0\end{pmatrix},\boldsymbol{s}_4=\begin{pmatrix}5\\4\\-2\end{pmatrix}.$$

找到 W 的一个基，并求 $\dim(W)$.

解 由 S 生成的矩阵为

$$\begin{pmatrix}1&1&-2&5\\2&3&4&4\\-2&-4&0&-2\end{pmatrix},$$

将其化简为行阶梯形矩阵

$$\begin{pmatrix}1&1&-2&5\\0&1&8&-6\\0&0&-3&1\end{pmatrix}.$$

所以 $\{\boldsymbol{s}_1,\boldsymbol{s}_2,\boldsymbol{s}_3\}$ 构成了 W 的一个基，且 $\dim(W)=3$.

下面给出一些关于向量空间基和维数的性质．

定理 4.9 设 W 是一个向量空间，且 $\dim(W)=p$.

（ⅰ）W 中任何 $p+1$ 个或者更多个向量构成的向量组都是线性相关的；

（ⅱ）W 中任何少于 p 个向量的向量组都不能生成 W；

（ⅲ）W 中任何 p 个线性无关向量构成的向量组都是 W 的基；

（ⅳ）任何能生成 W 的 p 个向量构成的向量组都是 W 的基.

例 4.4.4 设 $S=Sp\{\boldsymbol{w}_1,\boldsymbol{w}_2,\boldsymbol{w}_3\}$，其中

$$\boldsymbol{w}_1=\begin{pmatrix}1\\-2\\3\end{pmatrix},\boldsymbol{w}_2=\begin{pmatrix}2\\3\\5\end{pmatrix},\boldsymbol{w}_3=\begin{pmatrix}4\\-1\\11\end{pmatrix}.$$

确定子集 $\{\boldsymbol{w}_1\}$，$\{\boldsymbol{w}_2\}$，$\{\boldsymbol{w}_3\}$，$\{\boldsymbol{w}_1,\boldsymbol{w}_2\}$，$\{\boldsymbol{w}_1,\boldsymbol{w}_3\}$，$\{\boldsymbol{w}_2,\boldsymbol{w}_3\}$，$\{\boldsymbol{w}_1,\boldsymbol{w}_2,\boldsymbol{w}_3\}$ 中哪些是 S 的基.

解 设矩阵 $\boldsymbol{W}=(\boldsymbol{w}_1,\boldsymbol{w}_2,\boldsymbol{w}_3)$，即

$$\boldsymbol{W}=\begin{pmatrix}1&2&4\\-2&3&-1\\3&5&11\end{pmatrix},$$

经一系列初等行变换可得

$$\begin{pmatrix}1&0&2\\0&1&1\\0&0&0\end{pmatrix},$$

所以 $\{\boldsymbol{w}_1,\boldsymbol{w}_2,\boldsymbol{w}_3\}$ 是线性相关的，不是 S 的基. 因为 $\dim(S)=2$，所以 S 的基中应包含两个线性无关的向量，$\{\boldsymbol{w}_1,\boldsymbol{w}_2\}$，$\{\boldsymbol{w}_1,\boldsymbol{w}_3\}$，$\{\boldsymbol{w}_2,\boldsymbol{w}_3\}$ 都是 S 的基，而 $\{\boldsymbol{w}_1\}$，$\{\boldsymbol{w}_2\}$，$\{\boldsymbol{w}_3\}$ 不是 S 的基.

4.4.3 向量的坐标

定义 4.12 设 $B=\{\boldsymbol{w}_1,\cdots,\boldsymbol{w}_r\}$ 是向量空间 V 的一个基. 如果 $\boldsymbol{x}\in V$，则存在唯一的 a_1，…，$a_r\in\mathbf{R}$ 使得

$$\boldsymbol{x}=a_1\boldsymbol{w}_1+\cdots+a_r\boldsymbol{w}_r,$$

并称 a_1，…，a_r为向量 $\boldsymbol{x}$ 关于基 B 的坐标.

例 4.4.5 设矩阵 $\boldsymbol{A}$ 为

$$\begin{pmatrix}2&-3&5&1&-1\\1&2&-1&0&5\\3&5&-2&4&25\\4&6&-2&-1&13\end{pmatrix},$$

试确定矩阵 $\boldsymbol{A}$ 的列空间的一个基并用这个基线性表示其他向量．

解 矩阵 $\boldsymbol{A}$ 进行初等行变换有

$$\begin{pmatrix}2&-3&5&1&-1\\1&2&-1&0&5\\3&5&-2&4&25\\4&6&-2&-1&13\end{pmatrix}\to$$

$$\begin{pmatrix}1&2&-1&0&5\\0&1&-1&-4&-10\\0&0&0&1&3\\0&0&0&0&0\end{pmatrix}\to$$

$$\begin{pmatrix}1&0&1&0&1\\0&1&-1&0&2\\0&0&0&1&3\\0&0&0&0&0\end{pmatrix},$$

将其转化成方程组

$$\begin{cases}x_1=-x_3-x_5,\\x_2=\quad x_3-2x_5,\\x_4=\qquad -3x_5.\end{cases}$$

取 $x_3=1$，$x_5=0$，则 $x_1=-1$，$x_2=1$，$x_4=0$，从而有

$$\boldsymbol{a}_3=\boldsymbol{a}_1-\boldsymbol{a}_2;$$

取 $x_3=0$，$x_5=1$，则 $x_1=-1$，$x_2=-2$，$x_4=-3$，从而有

$$\boldsymbol{a}_5=\boldsymbol{a}_1+2\boldsymbol{a}_2+3\boldsymbol{a}_4.$$

因此矩阵 $\boldsymbol{A}$ 的列空间的一个基为

$$\boldsymbol{a}_1=\begin{pmatrix}2\\1\\3\\4\end{pmatrix},\boldsymbol{a}_2=\begin{pmatrix}-3\\2\\5\\6\end{pmatrix},\boldsymbol{a}_4=\begin{pmatrix}1\\0\\4\\-1\end{pmatrix}$$

并且 $\boldsymbol{a}_3=\boldsymbol{a}_1-\boldsymbol{a}_2$，$\boldsymbol{a}_5=\boldsymbol{a}_1+2\boldsymbol{a}_2+3\boldsymbol{a}_4$．

例 4.4.6 设集合 $B=\{\boldsymbol{w}_1,\boldsymbol{w}_2,\boldsymbol{w}_3\}$ 是 $\mathbf{R}^3$ 的一个基，其中

$$\boldsymbol{w}_1=\begin{pmatrix}1\\0\\0\end{pmatrix},\boldsymbol{w}_2=\begin{pmatrix}1\\1\\0\end{pmatrix},\boldsymbol{w}_3=\begin{pmatrix}1\\1\\1\end{pmatrix}.$$

试确定向量 $\boldsymbol{v}=(2,-2,4)^{\mathrm{T}}$ 关于基 B 的坐标．

解 设向量 $\boldsymbol{v}=(2,-2,4)^{\mathrm{T}}$ 关于基 B 的坐标为 x_1，x_2，x_3，即

$$x_1\boldsymbol{w}_1+x_2\boldsymbol{w}_2+x_3\boldsymbol{w}_3=\boldsymbol{v}.$$

该向量方程的增广矩阵为

$$\begin{pmatrix}1&1&1&2\\0&1&1&-2\\0&0&1&4\end{pmatrix},$$

经一系列初等行变换化简得

$$\begin{pmatrix}1&0&0&4\\0&1&0&-6\\0&0&1&4\end{pmatrix}.$$

向量方程的解为 $x_1=4$，$x_2=-6$，$x_3=4$，所以向量 $\boldsymbol{v}=(2,-2,4)^{\mathrm{T}}$ 关于基 B 的坐标为 $x_1=4$，$x_2=-6$，$x_3=4$.

习题 4.4

1. 设 $\boldsymbol{a}_1$，$\boldsymbol{a}_2$，$\boldsymbol{a}_3$，$\boldsymbol{a}_4\in\mathbf{R}^n$，它们生成向量空间 V，则 V 的维数(　　).

(A) 等于 4

(B) 等于 n

(C) 小于或等于 4

(D) 大于或等于 4.

2. 验证向量组 $\boldsymbol{a}_1=\begin{pmatrix}1\\-1\\0\end{pmatrix}$，$\boldsymbol{a}_2=\begin{pmatrix}2\\1\\3\end{pmatrix}$，$\boldsymbol{a}_3=\begin{pmatrix}3\\1\\2\end{pmatrix}$ 是三维向量空间 $\mathbf{R}^3$ 的一组基，并求向量 $\boldsymbol{b}=\begin{pmatrix}5\\0\\7\end{pmatrix}$ 在这组基下的坐标.

4.5 向量空间的标准正交基

4.5.1 向量的范数

转置运算可以用来定义数量积和向量的范数. 下面看一个例子.

设 $\boldsymbol{x}$ 和 $\boldsymbol{y}$ 为 $\mathbf{R}^3$ 中的向量，其中

$$\boldsymbol{x}=\begin{pmatrix}1\\-2\\2\end{pmatrix},\boldsymbol{y}=\begin{pmatrix}3\\1\\1\end{pmatrix}.$$

则 $\boldsymbol{x}^{\mathrm{T}}=(1,-2,2)$，而 $\boldsymbol{x}^{\mathrm{T}}\boldsymbol{y}$ 是如下的数量（也可以说是 1×1 矩阵）

$$\boldsymbol{x}^{\mathrm{T}}\boldsymbol{y}=(1,-2,2)\begin{pmatrix}3\\1\\1\end{pmatrix}=3-2+2=3.$$

因此，可以得到下列定义.

定义 4.13 设 $\boldsymbol{x}$ 和 $\boldsymbol{y}$ 为 $\mathbf{R}^n$ 中的向量，其中

$$\boldsymbol{x}=\begin{pmatrix}x_1\\x_2\\\vdots\\x_n\end{pmatrix},\boldsymbol{y}=\begin{pmatrix}y_1\\y_2\\\vdots\\y_n\end{pmatrix},$$

那么称 $\boldsymbol{x}^{\mathrm{T}}\boldsymbol{y}=\sum_{i=1}^{n}x_iy_i$ 为向量 $\boldsymbol{x}$ 和 $\boldsymbol{y}$ 的数量积或者点积，内积.

数量积具有下列性质（其中 $\boldsymbol{x}, \boldsymbol{y}, \boldsymbol{z}$ 为 n 维向量，λ 为实数）：

（ⅰ）$\boldsymbol{x}^{\mathrm{T}}\boldsymbol{y}=\boldsymbol{y}^{\mathrm{T}}\boldsymbol{x}$；

（ⅱ）$(\lambda\boldsymbol{x})^{\mathrm{T}}\boldsymbol{y}=\lambda(\boldsymbol{x}^{\mathrm{T}}\boldsymbol{y})$；

（ⅲ）$(\boldsymbol{x}+\boldsymbol{y})^{\mathrm{T}}\boldsymbol{z}=\boldsymbol{x}^{\mathrm{T}}\boldsymbol{z}+\boldsymbol{y}^{\mathrm{T}}\boldsymbol{z}$；

（ⅳ）当 $\boldsymbol{x}=\mathbf{0}$（零向量）时，$\boldsymbol{x}^{\mathrm{T}}\boldsymbol{x}=0$；当 $\boldsymbol{x}\neq\mathbf{0}$（零向量）时，$\boldsymbol{x}^{\mathrm{T}}\boldsymbol{x}>0$.

设 $\boldsymbol{x}=\begin{pmatrix}a\\b\end{pmatrix}\in\mathbf{R}^2$，则平面上从原点 O 到点 $P(a,b)$ 的有向线段 $\overrightarrow{OP}$ 的长度为 $\sqrt{a^2+b^2}$，将其推广到 $\mathbf{R}^n$ 上，可以得到如下定义.

定义 4.14 对于 $\mathbf{R}^n$ 中的向量 $\boldsymbol{x}$ 和 $\boldsymbol{y}$，其中

$$\boldsymbol{x}=\begin{pmatrix}x_1\\x_2\\\vdots\\x_n\end{pmatrix},\boldsymbol{y}=\begin{pmatrix}y_1\\y_2\\\vdots\\y_n\end{pmatrix}.$$

定义 $\|\boldsymbol{x}\|=\sqrt{\boldsymbol{x}^{\mathrm{T}}\boldsymbol{x}}=\sqrt{x_1^2+x_2^2+\cdots+x_n^2}$ 为向量 $\boldsymbol{x}$ 的长度（或范数），记为 $\|\boldsymbol{x}\|$. 定义

$$\|\boldsymbol{x}-\boldsymbol{y}\|=\sqrt{(\boldsymbol{x}-\boldsymbol{y})^{\mathrm{T}}(\boldsymbol{x}-\boldsymbol{y})}=\sqrt{(x_1-y_1)^2+(x_2-y_2)^2+\cdots+(x_n-y_n)^2}$$

为向量 $\boldsymbol{x}$ 和 $\boldsymbol{y}$ 之间的距离，记为 $\|\boldsymbol{x}-\boldsymbol{y}\|$.

向量长度具有下述性质：

（ⅰ）非负性 当 $\boldsymbol{x}=\mathbf{0}$（零向量）时，$\|\boldsymbol{x}\|=0$；当 $\boldsymbol{x}\neq\mathbf{0}$（零向量）时，$\|\boldsymbol{x}\|>0$.

（ⅱ）齐次性 $\|\lambda\boldsymbol{x}\|=|\lambda|\,\|\boldsymbol{x}\|$.

例 4.5.1 设 $\boldsymbol{x}$ 和 $\boldsymbol{y}$ 为 $\mathbf{R}^3$ 中的向量，其中

$$\boldsymbol{x}=\begin{pmatrix}-2\\3\\-1\end{pmatrix},\boldsymbol{y}=\begin{pmatrix}1\\1\\-2\end{pmatrix}.$$

求 $x^{\mathrm{T}}y$，$\|x\|$，$\|y\|$ 以及 $\|x-y\|$.

解　$x^{\mathrm{T}}y=(-2\quad 3\quad -1)\begin{pmatrix}1\\1\\-2\end{pmatrix}=-2+3+2=3.$

同理，$\|x\|=\sqrt{x^{\mathrm{T}}x}=\sqrt{4+9+1}=\sqrt{14}$，

$\|y\|=\sqrt{y^{\mathrm{T}}y}=\sqrt{1+1+4}=\sqrt{6}$.

因为 $x-y=\begin{pmatrix}-3\\2\\1\end{pmatrix}$，

所以 $\|x-y\|=\sqrt{(x-y)^{\mathrm{T}}(x-y)}=\sqrt{9+4+1}=\sqrt{14}$.

4.5.2 标准正交基

基是一种非常有效的刻画向量空间的工具．另外，给定一个空间 W，有许多种不同的方法来构造 W 的基．下面将重点关注一种特殊类型的基—正交基．

正交的概念是向量几何垂直概念的推广．假设 u 和 v 是 $\mathbf{R}^2$ 或 $\mathbf{R}^3$ 中的向量，如果 $u^{\mathrm{T}}v=0$，那么向量 u 和 v 一定垂直．例如，向量

$$u=\begin{pmatrix}3\\-2\end{pmatrix},v=\begin{pmatrix}4\\6\end{pmatrix}.$$

显然 $u^{\mathrm{T}}v=0$，当把它们看作是平面上的有向线段时，这两个向量是垂直的．但对于 $\mathbf{R}^n$ 中的向量，一般用正交这个词，而不是垂直这个词．

定义 4.15　若 $\mathbf{R}^n$ 中向量 u 和 v 满足 $u^{\mathrm{T}}v=0$，则称向量 u 和 v 是正交的．

将向量正交的定义推广到向量组上，可以得到向量组正交的定义．

定义 4.16　设 $S=\{u_1,u_2,\cdots,u_p\}$ 是 $\mathbf{R}^n$ 中的一组向量．如果 S 中每对不同的向量都是正交的，即当 $i\neq j$ 时，$u_i^{\mathrm{T}}u_j=0$，则称向量组 S 是正交的．

例 4.5.2　验证 S 是正交向量组，其中

$$S=\left\{\begin{pmatrix}1\\0\\1\\1\end{pmatrix},\begin{pmatrix}1\\2\\-1\\0\end{pmatrix},\begin{pmatrix}1\\-1\\-1\\0\end{pmatrix}\right\}.$$

解 设 $S=\{\boldsymbol{u}_1,\boldsymbol{u}_2,\boldsymbol{u}_3\}$，则

$$\boldsymbol{u}_1^{\mathrm{T}}\boldsymbol{u}_2=(1\quad 0\quad 1\quad 1)\begin{pmatrix}1\\2\\-1\\0\end{pmatrix}=1+0-1+0=0,$$

$$\boldsymbol{u}_1^{\mathrm{T}}\boldsymbol{u}_3=(1\quad 0\quad 1\quad 1)\begin{pmatrix}1\\-1\\-1\\0\end{pmatrix}=1+0-1+0=0,$$

$$\boldsymbol{u}_2^{\mathrm{T}}\boldsymbol{u}_3=(1\quad 2\quad -1\quad 0)\begin{pmatrix}1\\-1\\-1\\0\end{pmatrix}=1-2+1+0=0,$$

因此，$S=\{\boldsymbol{u}_1,\boldsymbol{u}_2,\boldsymbol{u}_3\}$ 是 $\mathbf{R}^4$ 中的一个正交向量组．

下面讨论正交向量组的性质．

定理 4.10 若 $\boldsymbol{u}_1$，$\boldsymbol{u}_2$，…，$\boldsymbol{u}_p$ 是 $\mathbf{R}^n$ 中一组两两正交的非零向量，则 $S=\{\boldsymbol{u}_1,\boldsymbol{u}_2,\cdots,\boldsymbol{u}_p\}$ 是线性无关的向量组．

证 设 c_1，c_2，…，$c_p\in\mathbf{R}$ 满足

$$c_1\boldsymbol{u}_1+c_2\boldsymbol{u}_2+\cdots+c_p\boldsymbol{u}_p=\mathbf{0},$$

以 $\boldsymbol{u}_1$ 与上式两端作数量积有

$$\boldsymbol{u}_1^{\mathrm{T}}(c_1\boldsymbol{u}_1+c_2\boldsymbol{u}_2+\cdots+c_p\boldsymbol{u}_p)=\boldsymbol{u}_1^{\mathrm{T}}\mathbf{0},$$

即

$$c_1(\boldsymbol{u}_1^{\mathrm{T}}\boldsymbol{u}_1)+c_2(\boldsymbol{u}_1^{\mathrm{T}}\boldsymbol{u}_2)+\cdots+c_p(\boldsymbol{u}_1^{\mathrm{T}}\boldsymbol{u}_p)=0.$$

因为对于 $2\leqslant j\leqslant p$ 有 $\boldsymbol{u}_1^{\mathrm{T}}\boldsymbol{u}_j=0$，所以上式化简为 $c_1(\boldsymbol{u}_1^{\mathrm{T}}\boldsymbol{u}_1)=0$. 因为当 $\boldsymbol{u}_1$ 非零时有 $\boldsymbol{u}_1^{\mathrm{T}}\boldsymbol{u}_1>0$，所以 $c_1=0$. 类似地可得 $c_i=0$，其中 $2\leqslant i\leqslant p$.

定义 4.17 设 $B=\{\boldsymbol{u}_1,\boldsymbol{u}_2,\cdots,\boldsymbol{u}_p\}$ 是向量空间 V 的一个基．若 B 是正交向量组，则称 B 为 V 的正交基．此外，如果 $\|\boldsymbol{u}_i\|=1$，$1\leqslant i\leqslant p$，则称 B 是 V 的标准正交基．

标准正交这个词的意思是既是标准化的，又是正交的．因此标准正交基是由长度为 1 的向量组成的正交基，这里长度为 1 的向量也称为单位向量．如单位向量 $\boldsymbol{e}_1$，$\boldsymbol{e}_2$，…，$\boldsymbol{e}_n$ 构成了 $\mathbf{R}^n$ 的一个标准正交基．

例 4.5.3 验证集合 $\boldsymbol{B}=\{\boldsymbol{v}_1,\boldsymbol{v}_2,\boldsymbol{v}_3\}$ 是 $\mathbf{R}^3$ 的标准正交基，其中

$$\boldsymbol{v}_1=\begin{pmatrix}\frac{1}{9}\\-\frac{8}{9}\\-\frac{4}{9}\end{pmatrix},\boldsymbol{v}_2=\begin{pmatrix}-\frac{8}{9}\\\frac{1}{9}\\-\frac{4}{9}\end{pmatrix},\boldsymbol{v}_3=\begin{pmatrix}-\frac{4}{9}\\-\frac{4}{9}\\\frac{7}{9}\end{pmatrix}.$$

解 首先验证 $\boldsymbol{B}$ 是正交向量组，计算得

$$\boldsymbol{v}_1^{\mathrm{T}}\boldsymbol{v}_2=-\frac{8}{81}-\frac{8}{81}+\frac{16}{81}=0;$$

$$\boldsymbol{v}_1^{\mathrm{T}}\boldsymbol{v}_3=-\frac{4}{81}+\frac{32}{81}-\frac{28}{81}=0;$$

$$\boldsymbol{v}_2^{\mathrm{T}}\boldsymbol{v}_3=\frac{32}{81}-\frac{4}{81}-\frac{28}{81}=0.$$

因为 $B=\{\boldsymbol{v}_1,\boldsymbol{v}_2,\boldsymbol{v}_3\}$ 是线性无关的，故 $B=\{\boldsymbol{v}_1,\boldsymbol{v}_2,\boldsymbol{v}_3\}$ 是 $\mathbf{R}^3$ 的一个基.

通过计算可得 $\|\boldsymbol{v}_1\|=\|\boldsymbol{v}_2\|=\|\boldsymbol{v}_3\|=1$，因此 $B=\{\boldsymbol{v}_1,\boldsymbol{v}_2,\boldsymbol{v}_3\}$ 是 $\mathbf{R}^3$ 的标准正交基.

例 4.5.4 用正交基 $B=\{\boldsymbol{w}_1,\boldsymbol{w}_2,\boldsymbol{w}_3\}$ 表示向量 $\boldsymbol{v}$，其中

$$\boldsymbol{w}_1=\begin{pmatrix}1\\1\\1\end{pmatrix},\boldsymbol{w}_2=\begin{pmatrix}-2\\2\\0\end{pmatrix},$$

$$\boldsymbol{w}_3=\begin{pmatrix}-1\\-1\\2\end{pmatrix},\boldsymbol{v}=\begin{pmatrix}2\\4\\2\end{pmatrix}.$$

解 设方程 $\boldsymbol{v}=a_1\boldsymbol{w}_1+a_2\boldsymbol{w}_2+a_3\boldsymbol{w}_3$，作数量积得到

$$\boldsymbol{w}_1^{\mathrm{T}}\boldsymbol{v}=a_1(\boldsymbol{w}_1^{\mathrm{T}}\boldsymbol{w}_1)\text{ 即 }8=3a_1;$$

$$\boldsymbol{w}_2^{\mathrm{T}}\boldsymbol{v}=a_2(\boldsymbol{w}_2^{\mathrm{T}}\boldsymbol{w}_2)\text{ 即 }4=8a_2,$$

$$\boldsymbol{w}_3^{\mathrm{T}}\boldsymbol{v}=a_3(\boldsymbol{w}_3^{\mathrm{T}}\boldsymbol{w}_3)\text{ 即 }-2=6a_3,$$

解得 $a_1=\frac{8}{3}$，$a_2=\frac{1}{2}$，$a_3=-\frac{1}{3}$，从而有 $\boldsymbol{v}=\frac{8}{3}\boldsymbol{w}_1+\frac{1}{2}\boldsymbol{w}_2-\frac{1}{3}\boldsymbol{w}_3$.

由例 4.5.4 可以得到求向量 $\boldsymbol{v}$ 在正交基 $B=\{\boldsymbol{w}_1,\boldsymbol{w}_2,\cdots,\boldsymbol{w}_p\}$ 下坐标的方法. 设 W 是 $\mathbf{R}^n$ 的子空间，并设 $B=\{\boldsymbol{w}_1,\boldsymbol{w}_2,\cdots,\boldsymbol{w}_p\}$ 是 W 的一个正交基. 如果 $\boldsymbol{v}$ 是 W 中的任意向量，那么 $\boldsymbol{v}$ 可以唯一地表示成

$$\boldsymbol{v}=a_1\boldsymbol{w}_1+a_2\boldsymbol{w}_2+\cdots+a_p\boldsymbol{w}_p,$$

其中 $a_i=\dfrac{\boldsymbol{w}_i^{\mathrm{T}}\boldsymbol{v}}{\boldsymbol{w}_i^{\mathrm{T}}\boldsymbol{w}_i},i=1,2,\cdots,p$.

4.5.3 构造标准正交基

最后给出构造标准正交基的方法．

定理 4.11 （格拉姆-施密特方法） 设 W 是 p 维向量空间，$\boldsymbol{w}_1$，$\boldsymbol{w}_2$，…，$\boldsymbol{w}_p$是 W 的一个基，则向量组 $\boldsymbol{u}_1$，$\boldsymbol{u}_2$，…，$\boldsymbol{u}_p$是 W 的一个正交基，其中

$$\boldsymbol{u}_1=\boldsymbol{w}_1,$$

$$\boldsymbol{u}_2=\boldsymbol{w}_2-\frac{\boldsymbol{u}_1^{\mathrm{T}}\boldsymbol{w}_2}{\boldsymbol{u}_1^{\mathrm{T}}\boldsymbol{u}_1}\boldsymbol{u}_1,$$

$$\boldsymbol{u}_3=\boldsymbol{w}_3-\frac{\boldsymbol{u}_1^{\mathrm{T}}\boldsymbol{w}_3}{\boldsymbol{u}_1^{\mathrm{T}}\boldsymbol{u}_1}\boldsymbol{u}_1-\frac{\boldsymbol{u}_2^{\mathrm{T}}\boldsymbol{w}_3}{\boldsymbol{u}_2^{\mathrm{T}}\boldsymbol{u}_2}\boldsymbol{u}_2,$$

$$\vdots$$

$$\boldsymbol{u}_p=\boldsymbol{w}_p-\sum_{j=1}^{p-1}\frac{\boldsymbol{u}_j^{\mathrm{T}}\boldsymbol{w}_p}{\boldsymbol{u}_j^{\mathrm{T}}\boldsymbol{u}_j}\boldsymbol{u}_j.$$

例 4.5.5 设 W 是 $\mathbf{R}^3$ 的一个子空间，定义 $W=Sp\{\boldsymbol{w}_1,\boldsymbol{w}_2,\boldsymbol{w}_3\}$，其中

$$\boldsymbol{w}_1=\begin{pmatrix}1\\1\\1\end{pmatrix},\boldsymbol{w}_2=\begin{pmatrix}1\\2\\3\end{pmatrix},\boldsymbol{w}_3=\begin{pmatrix}1\\4\\9\end{pmatrix}.$$

构造 W 的一个标准正交基．

解 利用格拉姆-施密特方法有

$$\boldsymbol{u}_1=\boldsymbol{w}_1=\begin{pmatrix}1\\1\\1\end{pmatrix},$$

$$\boldsymbol{u}_2=\boldsymbol{w}_2-\frac{\boldsymbol{u}_1^{\mathrm{T}}\boldsymbol{w}_2}{\boldsymbol{u}_1^{\mathrm{T}}\boldsymbol{u}_1}\boldsymbol{u}_1=\begin{pmatrix}1\\2\\3\end{pmatrix}-\frac{6}{3}\begin{pmatrix}1\\1\\1\end{pmatrix}=\begin{pmatrix}-1\\0\\1\end{pmatrix},$$

$$\boldsymbol{u}_3=\boldsymbol{w}_3-\frac{\boldsymbol{u}_1^{\mathrm{T}}\boldsymbol{w}_3}{\boldsymbol{u}_1^{\mathrm{T}}\boldsymbol{u}_1}\boldsymbol{u}_1-\frac{\boldsymbol{u}_2^{\mathrm{T}}\boldsymbol{w}_3}{\boldsymbol{u}_2^{\mathrm{T}}\boldsymbol{u}_2}\boldsymbol{u}_2=\begin{pmatrix}1\\4\\9\end{pmatrix}-\frac{14}{3}\begin{pmatrix}1\\1\\1\end{pmatrix}-\frac{8}{2}\begin{pmatrix}-1\\0\\1\end{pmatrix}=\frac{1}{3}\begin{pmatrix}1\\-2\\1\end{pmatrix}.$$

单位化上述向量有

$\boldsymbol{p}_1=\frac{1}{\sqrt{3}}\begin{pmatrix}1\\1\\1\end{pmatrix}$，$\boldsymbol{p}_2=\frac{1}{\sqrt{2}}\begin{pmatrix}-1\\0\\1\end{pmatrix}$，$\boldsymbol{p}_3=\frac{1}{\sqrt{6}}\begin{pmatrix}1\\-2\\1\end{pmatrix}$，故 $\boldsymbol{p}_1$，$\boldsymbol{p}_2$，$\boldsymbol{p}_3$就是 W 的一个标准正交基．

习题 4.5

1. 已知 $\boldsymbol{\alpha}=\begin{pmatrix}1\\2\\-1\\1\end{pmatrix}$，$\boldsymbol{\beta}=\begin{pmatrix}2\\3\\1\\-1\end{pmatrix}$，$\boldsymbol{\gamma}=\begin{pmatrix}-1\\-1\\-2\\2\end{pmatrix}$，求

（1）$\boldsymbol{\alpha}^{\mathrm{T}}\boldsymbol{\beta}$，$\boldsymbol{\alpha}^{\mathrm{T}}\boldsymbol{\gamma}$；

（2）$\|\boldsymbol{\alpha}\|$，$\|\boldsymbol{\beta}\|$，$\|\boldsymbol{\gamma}\|$；

（3）与 $\boldsymbol{\alpha}$，$\boldsymbol{\beta}$，$\boldsymbol{\gamma}$ 都正交的所有向量.

总习题四

1. 将向量 $\boldsymbol{a}$ 表示成其他向量的线性组合.

（1）$\boldsymbol{a}=\begin{pmatrix}4\\5\\6\end{pmatrix}$，$\boldsymbol{a}_1=\begin{pmatrix}3\\-3\\2\end{pmatrix}$，$\boldsymbol{a}_2=\begin{pmatrix}-2\\1\\2\end{pmatrix}$，$\boldsymbol{a}_3=\begin{pmatrix}1\\2\\-1\end{pmatrix}$；

（2）$\boldsymbol{a}=\begin{pmatrix}1\\3\\0\end{pmatrix}$，$\boldsymbol{a}_1=\begin{pmatrix}2\\2\\2\end{pmatrix}$，$\boldsymbol{a}_2=\begin{pmatrix}-1\\3\\0\end{pmatrix}$，$\boldsymbol{a}_3=\begin{pmatrix}2\\0\\3\end{pmatrix}$；

（3）$\boldsymbol{a}=\begin{pmatrix}0\\0\\0\\1\end{pmatrix}$，$\boldsymbol{a}_1=\begin{pmatrix}1\\1\\0\\1\end{pmatrix}$，$\boldsymbol{a}_2=\begin{pmatrix}2\\1\\3\\1\end{pmatrix}$，$\boldsymbol{a}_3=\begin{pmatrix}1\\1\\0\\0\end{pmatrix}$，$\boldsymbol{a}_4=\begin{pmatrix}0\\1\\-1\\-1\end{pmatrix}$.

2. 判定下列向量组的线性相关性：

（1）$\boldsymbol{a}_1=\begin{pmatrix}2\\1\\3\end{pmatrix}$，$\boldsymbol{a}_2=\begin{pmatrix}-3\\1\\1\end{pmatrix}$，$\boldsymbol{a}_3=\begin{pmatrix}1\\1\\-2\end{pmatrix}$；

（2）$\boldsymbol{a}_1=\begin{pmatrix}1\\2\\3\end{pmatrix}$，$\boldsymbol{a}_2=\begin{pmatrix}2\\2\\1\end{pmatrix}$，$\boldsymbol{a}_3=\begin{pmatrix}3\\4\\3\end{pmatrix}$；

（3）$\boldsymbol{a}_1=\begin{pmatrix}1\\-1\\2\\4\end{pmatrix}$，$\boldsymbol{a}_2=\begin{pmatrix}0\\3\\1\\2\end{pmatrix}$，$\boldsymbol{a}_3=\begin{pmatrix}3\\0\\7\\14\end{pmatrix}$；

（4）$\boldsymbol{a}_1=\begin{pmatrix}2\\0\\-14\\8\end{pmatrix}$，$\boldsymbol{a}_2=\begin{pmatrix}-1\\0\\7\\-4\end{pmatrix}$，$\boldsymbol{a}_3=\begin{pmatrix}9\\11\\2\\3\end{pmatrix}$.

3. 已知向量组

$$\boldsymbol{a}_1=\begin{pmatrix}1\\1\\1\end{pmatrix},\boldsymbol{a}_2=\begin{pmatrix}0\\1\\1\end{pmatrix},\boldsymbol{a}_3=\begin{pmatrix}0\\0\\1\end{pmatrix},$$

验证 $\boldsymbol{a}_1$，$\boldsymbol{a}_2$，$\boldsymbol{a}_3$ 是 $\mathbf{R}^3$ 的一组基，并求向量 $\boldsymbol{a}=(1,2,3)^{\mathrm{T}}$ 在这组基下的坐标.

4. 判断下列命题是否正确：

（1）若 $\boldsymbol{a}_1$，$\boldsymbol{a}_2$，…，$\boldsymbol{a}_m$ 线性相关，则其中每一个向量都可由其余 $m-1$ 个向量线性表示；

（2）如果向量组 $\boldsymbol{a}_1$，$\boldsymbol{a}_2$，$\boldsymbol{a}_3$ 中存在一个向量不能由该组中其余向量线性表示，则 $\boldsymbol{a}_1$，$\boldsymbol{a}_2$，$\boldsymbol{a}_3$ 线性无关；

（3）若向量组 $\boldsymbol{a}_1$，$\boldsymbol{a}_2$，$\boldsymbol{a}_3$ 线性相关，则其中必有两个向量的对应分量成比例；

（4）若向量 $\boldsymbol{a}_{m+1}$ 可由向量组 $\boldsymbol{a}_1$，$\boldsymbol{a}_2$，…，$\boldsymbol{a}_m$ 线性表示：

$$\boldsymbol{a}_{m+1}=k_1\boldsymbol{a}_1+k_2\boldsymbol{a}_2+\cdots+k_m\boldsymbol{a}_m,$$

则这种表示法必是唯一的；

（5）如果存在不全为零的数 k_1，k_2，…，k_m 使

$$k_1\boldsymbol{a}_1+k_2\boldsymbol{a}_2+\cdots+k_m\boldsymbol{a}_m\neq\boldsymbol{0},$$

则 $\boldsymbol{a}_1$，$\boldsymbol{a}_2$，…，$\boldsymbol{a}_m$ 必线性无关．

5. 已知向量组

$$\boldsymbol{a}_1=\begin{pmatrix}1\\0\\2\\1\end{pmatrix},\boldsymbol{a}_2=\begin{pmatrix}1\\2\\0\\1\end{pmatrix},\boldsymbol{a}_3=\begin{pmatrix}2\\1\\3\\0\end{pmatrix},\boldsymbol{a}_4=\begin{pmatrix}2\\5\\-1\\4\end{pmatrix},\boldsymbol{a}_5=\begin{pmatrix}1\\-1\\3\\-1\end{pmatrix},$$

设 V 为由向量组 $\boldsymbol{a}_1$，$\boldsymbol{a}_2$，$\boldsymbol{a}_3$，$\boldsymbol{a}_4$，$\boldsymbol{a}_5$ 所生成的空间，求 V 的维数．

6. 求由向量组生成的向量空间的维数和一个基．

（1）$\boldsymbol{a}_1=\begin{pmatrix}1\\2\\1\\0\end{pmatrix}$，$\boldsymbol{a}_2=\begin{pmatrix}1\\1\\1\\2\end{pmatrix}$，$\boldsymbol{a}_3=\begin{pmatrix}3\\4\\3\\4\end{pmatrix}$，$\boldsymbol{a}_4=\begin{pmatrix}1\\1\\2\\1\end{pmatrix}$，$\boldsymbol{a}_5=\begin{pmatrix}4\\5\\6\\4\end{pmatrix}$；

（2）$\boldsymbol{a}_1=\begin{pmatrix}1\\1\\-1\\-1\end{pmatrix}$，$\boldsymbol{a}_2=\begin{pmatrix}4\\5\\-2\\-7\end{pmatrix}$，$\boldsymbol{a}_3=\begin{pmatrix}0\\1\\0\\-1\end{pmatrix}$，$\boldsymbol{a}_4=\begin{pmatrix}3\\2\\-1\\-4\end{pmatrix}$，$\boldsymbol{a}_5=\begin{pmatrix}-1\\0\\0\\1\end{pmatrix}$；

（3）$\boldsymbol{a}_1=\begin{pmatrix}1\\1\\2\\2\\1\end{pmatrix}$，$\boldsymbol{a}_2=\begin{pmatrix}0\\2\\1\\5\\-1\end{pmatrix}$，$\boldsymbol{a}_3=\begin{pmatrix}2\\0\\3\\-1\\3\end{pmatrix}$，$\boldsymbol{a}_4=\begin{pmatrix}1\\1\\0\\4\\-1\end{pmatrix}$．

7. 设有向量组 $\boldsymbol{A}$：$\boldsymbol{a}_1=\begin{pmatrix}a\\2\\10\end{pmatrix}$，$\boldsymbol{a}_2=\begin{pmatrix}-2\\1\\5\end{pmatrix}$，$\boldsymbol{a}_3=\begin{pmatrix}-1\\1\\4\end{pmatrix}$ 以及向量 $\boldsymbol{r}=\begin{pmatrix}1\\b\\-1\end{pmatrix}$，问 a，b 为何值时：

（1）向量 $\boldsymbol{r}$ 不能由向量组 $\boldsymbol{A}$ 线性表示；

（2）向量 $\boldsymbol{r}$ 能由向量组 $\boldsymbol{A}$ 线性表示，且表示式唯一；

（3）向量 $\boldsymbol{r}$ 能由向量组 $\boldsymbol{A}$ 线性表示，且表示式不唯一，并求其表示式．

8. 就参数 k 讨论向量组 $\boldsymbol{a}_1=\begin{pmatrix}2\\4\\k\\-2\end{pmatrix}$，$\boldsymbol{a}_2=\begin{pmatrix}1\\2\\-3\\-1\end{pmatrix}$，$\boldsymbol{a}_3=\begin{pmatrix}4\\5\\-4\\3\end{pmatrix}$ 的线性相关性．

9. 设向量组 $\boldsymbol{a}_1$，$\boldsymbol{a}_2$，$\boldsymbol{a}_3$ 线性无关，证明：$\boldsymbol{a}_1+\boldsymbol{a}_2$，$\boldsymbol{a}_2+\boldsymbol{a}_3$，$\boldsymbol{a}_3+\boldsymbol{a}_1$ 也线性无关．

10. 试确定下列集合是否为 $\mathbf{R}^3$ 的子空间：

（1）$W_1=\left\{\boldsymbol{x}:\ \boldsymbol{x}=\begin{pmatrix}x_1\\x_2\\x_3\end{pmatrix},\ x_3=0\right\}$；

（2）$W_2=\left\{\boldsymbol{x}:\ \boldsymbol{x}=\begin{pmatrix}x_1\\x_2\\x_3\end{pmatrix},\ x_3=1\right\}$；

（3）$W_3=\left\{\boldsymbol{x}:\ \boldsymbol{x}=\begin{pmatrix}x_1\\x_2\\x_3\end{pmatrix},\ x_3\geqslant 0\right\}$；

（4）$W_4=\left\{\boldsymbol{x}:\ \boldsymbol{x}=\begin{pmatrix}x_1\\x_2\\x_3\end{pmatrix},\ x_2=x_3=0\right\}$；

（5）$W_5=\left\{\boldsymbol{x}:\ \boldsymbol{x}=\begin{pmatrix}x_1\\x_2\\x_3\end{pmatrix},\ 2x_1+3x_2-x_3=0\right\}$．

11. 把 $\mathbf{R}^3$ 的一组基

$$\boldsymbol{a}_1=\begin{pmatrix}1\\-1\\1\end{pmatrix},\boldsymbol{a}_2=\begin{pmatrix}-1\\1\\1\end{pmatrix},\boldsymbol{a}_3=\begin{pmatrix}1\\1\\-1\end{pmatrix}$$

化为标准正交基，并求向量 $\boldsymbol{b}=(1,-1,0)^{\mathrm{T}}$ 在此标准正交基下的坐标．

12. 已知向量组 $\boldsymbol{a}_1$，$\boldsymbol{a}_2$，$\boldsymbol{a}_3$，$\boldsymbol{a}_4$线性相关，$\boldsymbol{a}_4$不能由 $\boldsymbol{a}_1$，$\boldsymbol{a}_2$，$\boldsymbol{a}_3$线性表示，证明 $\boldsymbol{a}_1$，$\boldsymbol{a}_2$，$\boldsymbol{a}_3$线性相关.

13. 证明：若向量组 $\boldsymbol{a}_1$，$\boldsymbol{a}_2$，…，$\boldsymbol{a}_m$线性无关，且向量 $\boldsymbol{a}_{m+1}$不能由向量组 $\boldsymbol{a}_1$，$\boldsymbol{a}_2$，…，$\boldsymbol{a}_m$线性表示，则 $\boldsymbol{a}_1$，$\boldsymbol{a}_2$，…，$\boldsymbol{a}_m$，$\boldsymbol{a}_{m+1}$线性无关.

14. 若向量组 $\boldsymbol{a}_1$，$\boldsymbol{a}_2$，$\boldsymbol{a}_3$线性无关，问下列向量组是否线性无关？

（1）$\boldsymbol{b}_1=2\boldsymbol{a}_1-2\boldsymbol{a}_2$，$\boldsymbol{b}_2=2\boldsymbol{a}_1-2\boldsymbol{a}_2+\boldsymbol{a}_3$，$\boldsymbol{b}_3=\boldsymbol{a}_2+4\boldsymbol{a}_3$；

（2）$\boldsymbol{b}_1=\boldsymbol{a}_1+\boldsymbol{a}_2+\boldsymbol{a}_3$，$\boldsymbol{b}_2=2\boldsymbol{a}_1+\boldsymbol{a}_3$；

（3）$\boldsymbol{b}_1=\boldsymbol{a}_1+\boldsymbol{a}_2+\boldsymbol{a}_3$，$\boldsymbol{b}_2=\boldsymbol{a}_1+2\boldsymbol{a}_2+3\boldsymbol{a}_3$，$\boldsymbol{b}_3=4\boldsymbol{a}_1+5\boldsymbol{a}_2+6\boldsymbol{a}_3$.

第 5 章 特征向量及二次型

5.1 矩阵的特征值与特征向量

特征值和特征向量是线性代数中很重要的概念．在数学、物理学、化学、计算机科学等领域有着广泛的应用．

5.1.1 矩阵的特征值

定义 5.1 设 $\boldsymbol{A}$ 是 n 阶矩阵，$\boldsymbol{E}$ 是 n 阶单位矩阵．若存在数 λ 使得 $\boldsymbol{A}-\lambda\boldsymbol{E}$ 是奇异矩阵，则称数 λ 是矩阵 $\boldsymbol{A}$ 的特征值．给定特征值 λ，称满足（$\boldsymbol{A}-\lambda\boldsymbol{E}$）$\boldsymbol{x}=\boldsymbol{0}$ 的非零向量 $\boldsymbol{x}$ 为对应于特征值 λ 的特征向量．

由奇异矩阵的定义，$\boldsymbol{A}-\lambda\boldsymbol{E}$ 是奇异矩阵的充分必要条件是 $|\boldsymbol{A}-\lambda\boldsymbol{E}|=0$，即

$$\begin{vmatrix} a_{11}-\lambda & a_{12} & \cdots & a_{1n} \\ a_{21} & a_{22}-\lambda & \cdots & a_{2n} \\ \vdots & \vdots & & \vdots \\ a_{n1} & a_{n2} & \cdots & a_{nn}-\lambda \end{vmatrix}=0.$$

上式是以 λ 为未知数的一元 n 次方程，称为矩阵 $\boldsymbol{A}$ 的特征方程．$|\boldsymbol{A}-\lambda\boldsymbol{E}|$ 是关于 λ 的 n 次多项式，称为矩阵 $\boldsymbol{A}$ 的特征多项式，记为 $f(\lambda)$．从而可知 $\boldsymbol{A}$ 的全部特征值恰好是多项式 $|\boldsymbol{A}-\lambda\boldsymbol{E}|$ 的所有零点，即特征方程的所有根．从而可以通过求相应特征多项式的所有零点来求矩阵 $\boldsymbol{A}$ 的所有特征值．一般来说，n 次方程在复数域中有 n 个根（重根按重数计算）．矩阵 $\boldsymbol{A}$ 的特征值在特征方程中作为根时的重数，称为其代数重数．

设 n 阶矩阵 $\boldsymbol{A}=(a_{ij})$ 的特征值为 λ_1，λ_2，…，λ_n，易证

（ⅰ）$\lambda_1+\lambda_2+\cdots+\lambda_n=a_{11}+a_{22}+\cdots+a_{nn}$；

（ⅱ）$\lambda_1\lambda_2\cdots\lambda_n=|\boldsymbol{A}|$．

由（ⅱ）知 $\boldsymbol{A}$ 是可逆矩阵的充分必要条件是它的特征值全不为零．

例 5.1.1　确定 2×2 矩阵 $\boldsymbol{A}$ 的特征值，其中

$$\boldsymbol{A}=\begin{pmatrix}3 & -2\\ -2 & 3\end{pmatrix},$$

并说明其代数重数.

解　矩阵 $\boldsymbol{A}$ 的特征多项式为

$$|\boldsymbol{A}-\lambda\boldsymbol{E}|=\begin{pmatrix}3-\lambda & -2\\ -2 & 3-\lambda\end{pmatrix}=(\lambda-1)(\lambda-5).$$

因此 $\boldsymbol{A}$ 的特征值为 $\lambda_1=1$，$\lambda_2=5$. 它们的代数重数都是 1.

例 5.1.2　求矩阵

$$\boldsymbol{A}=\begin{pmatrix}-2 & 8 & 0\\ -2 & 6 & 0\\ 3 & 0 & 3\end{pmatrix}$$

的特征值并说明其代数重数.

解　$\boldsymbol{A}$ 的特征多项式为

$$|\boldsymbol{A}-\lambda\boldsymbol{E}|=\begin{vmatrix}-2-\lambda & 8 & 0\\ -2 & 6-\lambda & 0\\ 3 & 0 & 3-\lambda\end{vmatrix}=(3-\lambda)(\lambda-2)^2.$$

因此 $\boldsymbol{A}$ 的特征值为 $\lambda_1=3$，$\lambda_2=\lambda_3=2$. 特征值 $\lambda_1=3$ 的代数重数是 1，特征值 $\lambda_2=\lambda_3=2$ 的代数重数是 2.

如果已知矩阵 $\boldsymbol{A}$ 的特征值，那么就可以根据矩阵 $\boldsymbol{A}$ 的特征值给出一些与 $\boldsymbol{A}$ 相关的矩阵的特征值.

定理 5.1　设 $\boldsymbol{A}$ 为 $n\times n$ 矩阵，λ 为 $\boldsymbol{A}$ 的特征值，则

(1) λ^k 是 $\boldsymbol{A}^k$ 的特征值，$k=2, 3, \cdots$.

(2) 如果 $\boldsymbol{A}$ 是非奇异的，则 $\dfrac{1}{\lambda}$ 是 $\boldsymbol{A}^{-1}$ 的特征值.

(3) 如果 α 是任意数，则 $\lambda+\alpha$ 是 $\boldsymbol{A}+\alpha\boldsymbol{E}$ 的特征值.

(4) $\boldsymbol{A}$ 和 $\boldsymbol{A}^{\mathrm{T}}$ 有相同的特征值.⊖

例 5.1.3　设 $\boldsymbol{A}=\begin{pmatrix}3 & -2\\ -2 & 3\end{pmatrix}$，试确定 $\boldsymbol{A}^2$，$\boldsymbol{A}^{-1}$，$\boldsymbol{A}+2\boldsymbol{E}$ 的特征值.

解　由例 5.1.1 知 $\boldsymbol{A}$ 的特征值为 $\lambda_1=1$，$\lambda_2=5$. 由定理 5.1，$1^2=1$，$5^2=25$ 是 $\boldsymbol{A}^2$ 的特征值. 因为 $\boldsymbol{A}^2$ 是 2×2 矩阵，只能有不

⊖ 思考：λ^k 是 $\boldsymbol{A}^k$ 的全部特征值吗？$\dfrac{1}{\lambda}$ 是 $\boldsymbol{A}^{-1}$ 的全部特征值吗？$\lambda+\alpha$ 是 $\boldsymbol{A}+\alpha\boldsymbol{E}$ 的全部特征值吗？

超过两个的特征值，所以 $\boldsymbol{A}^2$ 的特征值是 1，25.

同理，$\boldsymbol{A}^{-1}$ 的特征值为 1，$\frac{1}{5}$. $\boldsymbol{A}+2\boldsymbol{I}$ 的特征值为 3，7.

例 5.1.4 求 2×2 矩阵

$$\boldsymbol{A}=\begin{pmatrix}1 & 2\\ -2 & 1\end{pmatrix}$$

的特征多项式和特征值.

解 $\boldsymbol{A}$ 的特征多项式为

$$f(\lambda)=\begin{vmatrix}1-\lambda & 2\\ -2 & 1-\lambda\end{vmatrix}=\lambda^2-2\lambda+5.$$

由二次方程求根公式，特征值为 $\lambda_1=1+2\mathrm{i}$ 和 $\lambda_2=1-2\mathrm{i}$.

这个例子说明元素为实数的矩阵也可以有复数的特征值.

5.1.2 矩阵的特征向量

下面的例子给出了矩阵特征向量的求法.

例 5.1.5 设矩阵 $\boldsymbol{A}$ 为

$$\boldsymbol{A}=\begin{pmatrix}-1 & -4 & 1\\ 1 & 3 & 0\\ 0 & 0 & 2\end{pmatrix},$$

求 $\boldsymbol{A}$ 的特征值及特征向量.

解 $\boldsymbol{A}$ 的特征多项式为

$$|\boldsymbol{A}-\lambda\boldsymbol{E}|=\begin{vmatrix}-1-\lambda & -4 & 1\\ 1 & 3-\lambda & 0\\ 0 & 0 & 2-\lambda\end{vmatrix}=(2-\lambda)(1-\lambda)^2.$$

因此 $\boldsymbol{A}$ 的特征值为 $\lambda_1=2$，$\lambda_2=\lambda_3=1$.

当 $\lambda_1=2$ 时，对应的特征向量满足

$$\begin{pmatrix}-3 & -4 & 1\\ 1 & 1 & 0\\ 0 & 0 & 0\end{pmatrix}\begin{pmatrix}x_1\\ x_2\\ x_3\end{pmatrix}=\begin{pmatrix}0\\ 0\\ 0\end{pmatrix},$$

即

$$\begin{pmatrix}1 & 0 & 1\\ 0 & 1 & -1\\ 0 & 0 & 0\end{pmatrix}\begin{pmatrix}x_1\\ x_2\\ x_3\end{pmatrix}=\begin{pmatrix}0\\ 0\\ 0\end{pmatrix},$$

解得 $x_1=-x_3$，$x_2=x_3$，令 $x_3=c$，则对应于 $\lambda_1=2$ 的特征向量为 $\boldsymbol{p}_1=c\begin{pmatrix}-1\\ 1\\ 1\end{pmatrix}$，$c\neq0$.

当 $\lambda_2=\lambda_3=1$ 时，对应的特征向量满足

$$\begin{pmatrix}-2 & -4 & 1\\ 1 & 2 & 0\\ 0 & 0 & 1\end{pmatrix}\begin{pmatrix}x_1\\ x_2\\ x_3\end{pmatrix}=\begin{pmatrix}0\\ 0\\ 0\end{pmatrix},$$

即

$$\begin{pmatrix}1 & 2 & 0\\ 0 & 0 & 1\\ 0 & 0 & 0\end{pmatrix}\begin{pmatrix}x_1\\ x_2\\ x_3\end{pmatrix}=\begin{pmatrix}0\\ 0\\ 0\end{pmatrix},$$

解得 $x_1=-2x_2$，$x_3=0$，令 $x_2=c$，则对应于 $\lambda_2=\lambda_3=1$ 的特征向量为 $\boldsymbol{p}_2=c\begin{pmatrix}-2\\ 1\\ 0\end{pmatrix}$，$c\neq 0$.

例 5.1.6　设矩阵 $\boldsymbol{A}$ 为

$$\boldsymbol{A}=\begin{pmatrix}-2 & 0 & -4\\ 1 & 2 & 1\\ 1 & 0 & 3\end{pmatrix},$$

求 $\boldsymbol{A}$ 的特征值及特征向量.

解　$\boldsymbol{A}$ 的特征多项式为

$$|\boldsymbol{A}-\lambda\boldsymbol{E}|=\begin{vmatrix}-2-\lambda & 0 & -4\\ 1 & 2-\lambda & 1\\ 1 & 0 & 3-\lambda\end{vmatrix}=-(\lambda+1)(\lambda-2)^2.$$

因此 $\boldsymbol{A}$ 的特征值为 $\lambda_1=-1$，$\lambda_2=\lambda_3=2$.

当 $\lambda_1=-1$ 时，对应的特征向量满足

$$\begin{pmatrix}-1 & 0 & -4\\ 1 & 3 & 1\\ 1 & 0 & 4\end{pmatrix}\begin{pmatrix}x_1\\ x_2\\ x_3\end{pmatrix}=\begin{pmatrix}0\\ 0\\ 0\end{pmatrix},$$

即

$$\begin{pmatrix}1 & 0 & 4\\ 0 & 1 & -1\\ 0 & 0 & 0\end{pmatrix}\begin{pmatrix}x_1\\ x_2\\ x_3\end{pmatrix}=\begin{pmatrix}0\\ 0\\ 0\end{pmatrix},$$

解得 $x_1=-4x_3$，$x_2=x_3$，令 $x_3=c$，则对应于 $\lambda_1=-1$ 的特征向量为 $\boldsymbol{p}_1=c\begin{pmatrix}-4\\ 1\\ 1\end{pmatrix}$，$c\neq 0$.

当 $\lambda_2=\lambda_3=2$ 时，对应的特征向量满足

$$\begin{pmatrix}-4&0&-4\\1&0&1\\1&0&1\end{pmatrix}\begin{pmatrix}x_1\\x_2\\x_3\end{pmatrix}=\begin{pmatrix}0\\0\\0\end{pmatrix},$$

即

$$\begin{pmatrix}1&0&1\\0&0&0\\0&0&0\end{pmatrix}\begin{pmatrix}x_1\\x_2\\x_3\end{pmatrix}=\begin{pmatrix}0\\0\\0\end{pmatrix},$$

解得 $x_1=-x_3$，令 $x_2=c_1$，$x_3=c_2$，则对应于 $\lambda_2=\lambda_3=2$ 的特征向量为 $\boldsymbol{p}_2=c_1\begin{pmatrix}0\\1\\0\end{pmatrix}+c_2\begin{pmatrix}-1\\0\\1\end{pmatrix}$，$c_1$，$c_2\neq0$.

例 5.1.7　设矩阵 $\boldsymbol{A}$ 为

$$\boldsymbol{A}=\begin{pmatrix}1&2&3\\2&1&3\\3&3&6\end{pmatrix},$$

求 $\boldsymbol{A}$ 的特征值及特征向量.

解　$\boldsymbol{A}$ 的特征多项式为

$$|\boldsymbol{A}-\lambda\boldsymbol{E}|=\begin{vmatrix}1-\lambda&2&3\\2&1-\lambda&3\\3&3&6-\lambda\end{vmatrix}=-\lambda(\lambda+1)(\lambda-9).$$

因此 $\boldsymbol{A}$ 的特征值为 $\lambda_1=-1$，$\lambda_2=0$，$\lambda_3=9$.

当 $\lambda_1=-1$ 时，对应的特征向量满足

$$\begin{pmatrix}2&2&3\\2&2&3\\3&3&7\end{pmatrix}\begin{pmatrix}x_1\\x_2\\x_3\end{pmatrix}=\begin{pmatrix}0\\0\\0\end{pmatrix},$$

即

$$\begin{pmatrix}1&1&0\\0&0&1\\0&0&0\end{pmatrix}\begin{pmatrix}x_1\\x_2\\x_3\end{pmatrix}=\begin{pmatrix}0\\0\\0\end{pmatrix},$$

解得 $x_1=-x_2$，$x_3=0$，令 $x_2=c$，则对应于 $\lambda_1=-1$ 的特征向量为 $\boldsymbol{p}_1=c\begin{pmatrix}-1\\1\\0\end{pmatrix}$，$c\neq0$.

当 $\lambda_2=0$ 时，对应的特征向量满足

$$\begin{pmatrix}1&2&3\\2&1&3\\3&3&6\end{pmatrix}\begin{pmatrix}x_1\\x_2\\x_3\end{pmatrix}=\begin{pmatrix}0\\0\\0\end{pmatrix},$$

即

$$\begin{pmatrix}1&0&1\\0&1&1\\0&0&0\end{pmatrix}\begin{pmatrix}x_1\\x_2\\x_3\end{pmatrix}=\begin{pmatrix}0\\0\\0\end{pmatrix},$$

解得 $x_1=-x_3$，$x_2=-x_3$，令 $x_3=c$，则对应于 $\lambda_2=0$ 的特征向量为 $\boldsymbol{p}_2=c\begin{pmatrix}-1\\-1\\1\end{pmatrix}$，$c\neq0$.

当 $\lambda_3=9$ 时，对应的特征向量满足

$$\begin{pmatrix}-8&2&3\\2&-8&3\\3&3&-3\end{pmatrix}\begin{pmatrix}x_1\\x_2\\x_3\end{pmatrix}=\begin{pmatrix}0\\0\\0\end{pmatrix},$$

即

$$\begin{pmatrix}1&-1&0\\0&-2&1\\0&0&0\end{pmatrix}\begin{pmatrix}x_1\\x_2\\x_3\end{pmatrix}=\begin{pmatrix}0\\0\\0\end{pmatrix},$$

解得 $x_1=x_2$，$2x_2=x_3$，令 $x_2=c$，则对应于 $\lambda_3=9$ 的特征向量为 $\boldsymbol{p}_3=c\begin{pmatrix}1\\1\\2\end{pmatrix}$，$c\neq0$.

对应于一个给定的特征值有无穷多个特征向量，这是因为 $\boldsymbol{A}-\lambda\boldsymbol{E}$ 是奇异矩阵，即方程（$\boldsymbol{A}-\lambda\boldsymbol{E}$）$\boldsymbol{x}=\boldsymbol{0}$ 有无穷多个非零解．若非零向量 $\boldsymbol{x}$ 满足 $\boldsymbol{A}\boldsymbol{x}=\lambda\boldsymbol{x}$，则 $\boldsymbol{y}=a\boldsymbol{x}$ 也满足 $\boldsymbol{A}\boldsymbol{y}=\lambda\boldsymbol{y}$，这里 a 是任意数．因此一个特征向量的任意非零倍数仍是特征向量．另外，可以发现例 5.1.7 中的特征向量 $\boldsymbol{p}_1$，$\boldsymbol{p}_2$，$\boldsymbol{p}_3$ 是线性无关的．事实上，可以得到下列定理．

定理 5.2　设 $\lambda_1,\lambda_2,\cdots,\lambda_n$ 是方阵 $\boldsymbol{A}$ 的 n 个特征值，$\boldsymbol{p}_1,\boldsymbol{p}_2,\cdots,\boldsymbol{p}_n$ 依次是与之对应的特征向量，如果 $\lambda_1,\lambda_2,\cdots,\lambda_n$ 各不相等，则 $\boldsymbol{p}_1,\boldsymbol{p}_2,\cdots,\boldsymbol{p}_n$ 线性无关．

推论 5.1　设 λ_1 和 λ_2 是方阵 $\boldsymbol{A}$ 的两个不同特征值，$\boldsymbol{\xi}_1,\boldsymbol{\xi}_2,\cdots,\boldsymbol{\xi}_s$ 和 $\boldsymbol{\eta}_1,\boldsymbol{\eta}_2,\cdots,\boldsymbol{\eta}_t$ 分别是对应于 λ_1 和 λ_2 的线性无关的特征向量，则 $\boldsymbol{\xi}_1,\boldsymbol{\xi}_2,\cdots,\boldsymbol{\xi}_s,\boldsymbol{\eta}_1,\boldsymbol{\eta}_2,\cdots,\boldsymbol{\eta}_t$ 线性无关．

如例 5.1.5 和例 5.1.6.

例 5.1.8 求矩阵

$$A=\begin{pmatrix} 2 & 1 \\ -1 & 2 \end{pmatrix}$$

的特征值和特征向量．

解 A 的特征多项式 $f(\lambda)=\lambda^2-4\lambda+5$，$A$ 的特征值是 $f(\lambda)=0$ 的根，由二次求根公式得到，$\lambda=\frac{4\pm\sqrt{-4}}{2}=2\pm i$，其中 $i=\sqrt{-1}$. 因此，A 的特征值为 $\lambda_1=2+i$ 和 $\lambda_2=2-i$.

当 $\lambda_1=2+i$，解方程 $[A-(2+i)E]x=0$，由

$$A-(2+i)E=\begin{pmatrix} -i & 1 \\ -1 & -i \end{pmatrix}\to\begin{pmatrix} 1 & i \\ 0 & 0 \end{pmatrix},$$

得对应的特征向量 $p_1=c\begin{pmatrix} 1 \\ i \end{pmatrix}$，$c\neq 0$.

当 $\lambda_2=2-i$，解方程 $[A-(2-i)E]x=0$，由

$$A-(2-i)E=\begin{pmatrix} i & 1 \\ -1 & i \end{pmatrix}\to\begin{pmatrix} 1 & -i \\ 0 & 0 \end{pmatrix},$$

得对应的特征向量 $p_2=c\begin{pmatrix} 1 \\ -i \end{pmatrix}$，$c\neq 0$.

在上例中 $\lambda_1=2+i$ 是一个特征值，对应的一个特征向量为 $p_1=\begin{pmatrix} 1 \\ i \end{pmatrix}$，另一特征值为 $\lambda_2=2-i=\overline{\lambda_1}$，对应的一个特征向量为 $p_2=\begin{pmatrix} 1 \\ -i \end{pmatrix}=\overline{p_1}$，故特征值和特征向量成共轭对出现．事实上，有如下两个定理．

定理 5.3 设 A 为 $n\times n$ 实矩阵，若 λ 为矩阵 A 的特征值，x 为对应于 λ 的特征向量，则 $\bar{\lambda}$ 也是矩阵 A 的特征值，而 $\bar{x}$ 是对应于 $\bar{\lambda}$ 的特征向量．

定理 5.4 如果 A 为 $n\times n$ 实对称矩阵，则 A 的所有特征值都是实数．

习题 5.1

1. 选择题：

(1) 三阶矩阵 A 的特征值为 -2，-1，-4，则下列矩阵中可逆矩阵是（　　）.

(A) $E+A$；　　(B) $2E+A$；

(C) $2E-A$；　(D) $A+4E$.

(2) 设矩阵 $A=\begin{pmatrix}3&-1&1\\2&0&1\\1&-1&2\end{pmatrix}$，则 A 的对应于特征值 2 的一个特征向量为(　　).

(A) $\begin{pmatrix}1\\0\\1\end{pmatrix}$；　(B) $\begin{pmatrix}1\\0\\-1\end{pmatrix}$；

(C) $\begin{pmatrix}0\\1\\1\end{pmatrix}$；　(D) $\begin{pmatrix}1\\1\\0\end{pmatrix}$.

(3) 设 $\lambda=3$ 是可逆矩阵 A 的一个特征值，则矩阵 $\left(\frac{1}{3}A^2\right)^{-1}$ 必有一个特征值为(　　).

(A) 3；　(B) $\frac{1}{3}$；

(C) $\frac{3}{2}$；　(D) $\frac{2}{3}$.

(4) 设 A 为 n 阶矩阵，且 $A^2=O$，则(　　).

(A) $A=O$；

(B) A 有一个特征值不等于 0；

(C) A 的特征值全为 0；

(D) A 有 n 个线性无关的特征向量.

2. 已知三阶方阵 A 的特征值为 1，-1，2，求下列矩阵的所有特征值.

(1) $|A|A^{\mathrm{T}}$；

(2) A^3+2A^2-3A+E.

3. 求下列矩阵的特征值和特征向量：

(1) $\begin{pmatrix}3&4\\5&2\end{pmatrix}$

(2) $\begin{pmatrix}2&1&1\\0&3&1\\0&0&1\end{pmatrix}$.

5.2　相似变换与对角化

如第 3 章所示，如果两个线性方程组的增广矩阵是行等价的，那么它们有相同的解，而本节感兴趣的是有相同特征值的矩阵类.

$n\times n$ 矩阵 A 的特征值是它的特征多项式 $f(\lambda)=|A-\lambda E|$ 的零点．因此如果 $n\times n$ 矩阵 B 的特征多项式与 A 相同，那么 A 和 B 有相同的特征值．事实上，找到这样的矩阵 B 是非常容易的．

5.2.1　相似矩阵

定义 5.2　设 A 和 B 都是 $n\times n$ 矩阵，若存在可逆的 $n\times n$ 矩阵 S，使得 $B=S^{-1}AS$，则称 A 和 B 是相似的，或者说 B 是 A 的相似矩阵.

定理 5.5　如果 A 和 B 是相似的 $n\times n$ 矩阵，则 A 和 B 有相同的特征值.

证　因为 A 和 B 是相似的，所以存在可逆的 $n\times n$ 矩阵 S 满足 $B=S^{-1}AS$，故

$$\begin{aligned}|B-\lambda E|&=|S^{-1}AS-\lambda E|=|S^{-1}AS-\lambda S^{-1}S|=|S^{-1}(A-\lambda E)S|\\&=|S^{-1}||A-\lambda E||S|=|A-\lambda E||S^{-1}||S|=|A-\lambda E|.\end{aligned}$$

因此，矩阵 $\boldsymbol{B}=\boldsymbol{S}^{-1}\boldsymbol{A}\boldsymbol{S}$ 和 $\boldsymbol{A}$ 有相同的特征多项式，从而有相同的特征值．

虽然相似矩阵总是有相同的特征多项式，但是有相同特征多项式的两个矩阵却不一定是相似的．如下列两个矩阵

$$\boldsymbol{A}=\begin{pmatrix}1 & 2\\ 0 & 1\end{pmatrix} \text{ 和 } \boldsymbol{E}=\begin{pmatrix}1 & 0\\ 0 & 1\end{pmatrix}.$$

这里 $f(\lambda)=(1-\lambda)^2$ 是 $\boldsymbol{A}$ 和 $\boldsymbol{E}$ 的特征多项式，所以 $\boldsymbol{A}$ 和 $\boldsymbol{E}$ 有相同的特征值．但是，$\boldsymbol{A}$ 和 $\boldsymbol{E}$ 是不可能相似的．这是因为如果 $\boldsymbol{A}$ 和 $\boldsymbol{E}$ 是相似的，一定存在二阶的可逆矩阵 $\boldsymbol{S}$ 满足 $\boldsymbol{E}=\boldsymbol{S}^{-1}\boldsymbol{A}\boldsymbol{S}$，但是 $\boldsymbol{E}=\boldsymbol{S}^{-1}\boldsymbol{A}\boldsymbol{S}\Rightarrow\boldsymbol{S}=\boldsymbol{A}\boldsymbol{S}\Rightarrow\boldsymbol{S}\boldsymbol{S}^{-1}=\boldsymbol{A}$，即 $\boldsymbol{E}=\boldsymbol{A}$. 因此 $\boldsymbol{A}$ 和 $\boldsymbol{E}$ 不可能是相似的. 这也说明了：与单位矩阵 $\boldsymbol{E}$ 相似的矩阵只能是它自身．

虽然相似矩阵有相同的特征值，但它们一般没有相同的特征向量．比如，设 $\boldsymbol{B}=\boldsymbol{S}^{-1}\boldsymbol{A}\boldsymbol{S}$ 且 $\boldsymbol{B}\boldsymbol{x}=\lambda\boldsymbol{x}$，则 $\boldsymbol{S}^{-1}\boldsymbol{A}\boldsymbol{S}\boldsymbol{x}=\lambda\boldsymbol{x}$，即 $\boldsymbol{A}(\boldsymbol{S}\boldsymbol{x})=\lambda(\boldsymbol{S}\boldsymbol{x})$. 因此如果 $\boldsymbol{x}$ 是 $\boldsymbol{B}$ 对应于 λ 的特征向量，那么 $\boldsymbol{S}\boldsymbol{x}$ 就是 $\boldsymbol{A}$ 对应于 λ 的特征向量．

5.2.2 对角矩阵

如果 $n\times n$ 矩阵 $\boldsymbol{A}$ 相似于一个对角矩阵，则涉及 $\boldsymbol{A}$ 的计算通常可以被简化．若存在可逆的 $n\times n$ 矩阵 $\boldsymbol{S}$ 使得 $\boldsymbol{S}^{-1}\boldsymbol{A}\boldsymbol{S}$ 为对角矩阵，则称 $\boldsymbol{A}$ 可以对角化．

定理 5.6 $n\times n$ 矩阵 $\boldsymbol{A}$ 可以对角化当且仅当 $\boldsymbol{A}$ 有 n 个线性无关的特征向量．

由定理 5.2 有

定理 5.7 设 $\boldsymbol{A}$ 为 $n\times n$ 矩阵，若 $\boldsymbol{A}$ 有 n 个互异的特征值，则 $\boldsymbol{A}$ 可以对角化．

下例给出了对角化 $n\times n$ 矩阵 $\boldsymbol{A}$ 的过程，即如果 $\boldsymbol{A}$ 有 n 个线性无关的特征向量 $\boldsymbol{u}_1$，$\boldsymbol{u}_2$，…，$\boldsymbol{u}_n$，则矩阵 $\boldsymbol{S}=(\boldsymbol{u}_1,\boldsymbol{u}_2,\cdots,\boldsymbol{u}_n)$ 可以对角化 $\boldsymbol{A}$.

例 5.2.1 找到矩阵 $\boldsymbol{S}$ 使得 $\boldsymbol{S}^{-1}\boldsymbol{A}\boldsymbol{S}=\boldsymbol{D}$ 为对角矩阵，其中

$$\boldsymbol{A}=\begin{pmatrix}3 & 4\\ 3 & 2\end{pmatrix}.$$

解 矩阵 $\boldsymbol{A}$ 的特征多项式为

$$|\boldsymbol{A}-\lambda\boldsymbol{E}|=\begin{vmatrix}3-\lambda & 4\\ 3 & 2-\lambda\end{vmatrix}=(\lambda+1)(\lambda-6).$$

因此 $\boldsymbol{A}$ 的特征值为 $\lambda_1=-1$，$\lambda_2=6$. 对应的特征向量分别为

$$\boldsymbol{u}_1=\begin{pmatrix}-1\\1\end{pmatrix},\boldsymbol{u}_2=\begin{pmatrix}4\\3\end{pmatrix}.$$

构造 $\boldsymbol{S}=(\boldsymbol{u}_1,\boldsymbol{u}_2)$，则

$$\boldsymbol{S}=\begin{pmatrix}-1&4\\1&3\end{pmatrix},\boldsymbol{S}^{-1}=-\frac{1}{7}\begin{pmatrix}3&-4\\-1&-1\end{pmatrix}.$$

因为 $\boldsymbol{S}^{-1}\boldsymbol{AS}=-\dfrac{1}{7}\begin{pmatrix}3&-4\\-1&-1\end{pmatrix}\begin{pmatrix}3&4\\3&2\end{pmatrix}\begin{pmatrix}-1&4\\1&3\end{pmatrix}=\begin{pmatrix}-1&0\\0&6\end{pmatrix}=\boldsymbol{D}$,

故 $\boldsymbol{S}=\begin{pmatrix}-1&4\\1&3\end{pmatrix}$ 即为所求.

显然，$\boldsymbol{D}$ 对角线上的元素为 $\boldsymbol{A}$ 的特征值.

定理 5.8　若 $n\times n$ 矩阵 $\boldsymbol{A}$ 与对角矩阵 $\boldsymbol{D}$ 相似，即存在可逆的 $n\times n$ 矩阵 $\boldsymbol{S}$ 满足 $\boldsymbol{D}=\boldsymbol{S}^{-1}\boldsymbol{AS}$，则 $\boldsymbol{D}$ 对角线上的元素为 $\boldsymbol{A}$ 的特征值 $\lambda_1,\lambda_2,\cdots,\lambda_n$，而 $\boldsymbol{S}$ 的列向量 $\boldsymbol{u}_i$ 就是 $\boldsymbol{A}$ 对应于特征值 λ_i 的特征向量.

下例给出了对角矩阵的一个应用.

例 5.2.2　计算 $\boldsymbol{A}^{10}$，其中

$$\boldsymbol{A}=\begin{pmatrix}3&4\\3&2\end{pmatrix}.$$

解　由于 $\boldsymbol{D}^{10}=\boldsymbol{S}^{-1}\boldsymbol{A}^{10}\boldsymbol{S}$，所以 $\boldsymbol{A}^{10}=\boldsymbol{SD}^{10}\boldsymbol{S}^{-1}$. 由例 5.2.1,

$$\boldsymbol{D}^{10}=\begin{pmatrix}(-1)^{10}&0\\0&6^{10}\end{pmatrix}=\begin{pmatrix}1&0\\0&6^{10}\end{pmatrix}.$$

从而 $\boldsymbol{A}^{10}=\boldsymbol{SD}^{10}\boldsymbol{S}^{-1}$ 为

$$\boldsymbol{A}^{10}=-\frac{1}{7}\begin{pmatrix}-3-4\times6^{10}&4-4\times6^{10}\\3-3\times6^{10}&-4-3\times6^{10}\end{pmatrix}.$$

下例说明：即使矩阵 $\boldsymbol{A}$ 有重复的特征值，它也可以对角化.

例 5.2.3　证明 $\boldsymbol{A}$ 是可以对角化的，其中

$$\boldsymbol{A}=\begin{pmatrix}2&2&-2\\2&5&-4\\-2&-4&5\end{pmatrix}.$$

解　$\boldsymbol{A}$ 的特征多项式为

$$|\boldsymbol{A}-\lambda\boldsymbol{E}|=\begin{vmatrix}2-\lambda&2&-2\\2&5-\lambda&-4\\-2&-4&5-\lambda\end{vmatrix}=-(1-\lambda)^2(\lambda-10),$$

所以 $\boldsymbol{A}$ 的特征值为 $\lambda_1=10$，$\lambda_2=\lambda_3=1$.

当 $\lambda_1=10$ 时，解方程 $(\boldsymbol{A}-10\boldsymbol{E})\boldsymbol{x}=\boldsymbol{0}$，由

$$\boldsymbol{A}-10\boldsymbol{E}=\begin{pmatrix}-8&2&-2\\2&-5&-4\\-2&-4&-5\end{pmatrix}\to\begin{pmatrix}2&0&1\\0&1&1\\0&0&0\end{pmatrix},$$

解得 $2x_1=-x_3$，$x_2=-x_3$，令 $x_1=c$，则对应于 $\lambda_1=10$ 的特征向量为 $\boldsymbol{p}_1=c\begin{pmatrix}1\\2\\-2\end{pmatrix}$，$c\neq0$.

当 $\lambda_2=\lambda_3=1$ 时，解方程 $(\boldsymbol{A}-\boldsymbol{E})\boldsymbol{x}=\boldsymbol{0}$，由

$$\boldsymbol{A}-\boldsymbol{E}=\begin{pmatrix}1&2&-2\\2&4&-4\\-2&-4&4\end{pmatrix}\to\begin{pmatrix}1&2&-2\\0&0&0\\0&0&0\end{pmatrix},$$

解得 $x_1=-2x_2+2x_3$，因此对应于 $\lambda_2=\lambda_3=1$ 的特征向量空间的维数为 2 且存在基 $\{\boldsymbol{p}_2,\boldsymbol{p}_3\}$，其中

$$\boldsymbol{p}_2=\begin{pmatrix}0\\1\\1\end{pmatrix},\boldsymbol{p}_3=\begin{pmatrix}2\\0\\1\end{pmatrix}.$$

定义 $\boldsymbol{S}=(\boldsymbol{p}_1,\boldsymbol{p}_2,\boldsymbol{p}_3)$，可得

$$\boldsymbol{S}^{-1}\boldsymbol{A}\boldsymbol{S}=\boldsymbol{D}=\begin{pmatrix}10&&\\&1&\\&&1\end{pmatrix}.$$

5.2.3 正交矩阵

定义 5.3 如果 $n\times n$ 矩阵 $\boldsymbol{A}$ 满足 $\boldsymbol{A}^{\mathrm{T}}\boldsymbol{A}=\boldsymbol{E}$，即 $\boldsymbol{A}^{\mathrm{T}}=\boldsymbol{A}^{-1}$，则称矩阵 $\boldsymbol{A}$ 为正交矩阵，简称正交阵．

例 5.2.4 证明矩阵 $\boldsymbol{Q}$ 是正交矩阵，其中

$$\boldsymbol{Q}=\begin{pmatrix}\frac{2}{3}&-\frac{2}{3}&-\frac{1}{3}\\\frac{2}{3}&\frac{1}{3}&\frac{2}{3}\\\frac{1}{3}&\frac{2}{3}&-\frac{2}{3}\end{pmatrix}.$$

证 由于

$$\boldsymbol{Q}^{\mathrm{T}}\boldsymbol{Q}=\begin{pmatrix}\frac{2}{3}&\frac{2}{3}&\frac{1}{3}\\-\frac{2}{3}&\frac{1}{3}&\frac{2}{3}\\-\frac{1}{3}&\frac{2}{3}&-\frac{2}{3}\end{pmatrix}\begin{pmatrix}\frac{2}{3}&-\frac{2}{3}&-\frac{1}{3}\\\frac{2}{3}&\frac{1}{3}&\frac{2}{3}\\\frac{1}{3}&\frac{2}{3}&-\frac{2}{3}\end{pmatrix}=\boldsymbol{E},$$

故矩阵 Q 是正交矩阵.

定理 5.9　若 A 为 $n\times n$ 对称矩阵，则必有正交矩阵 Q，使得

$$Q^{-1}AQ=Q^{T}AQ=D,$$

其中 D 是以 A 的 n 个特征值为对角元的对角矩阵.

例 5.2.5　设对称阵 $A=\begin{pmatrix}2&2&-2\\2&5&-4\\-2&-4&5\end{pmatrix}$，求正交矩阵 Q 和对角矩阵 D 使得 $Q^{T}AQ=D$ 成立.

解　由例 5.2.3，A 的特征值为 $\lambda_1=10$，$\lambda_2=\lambda_3=1$.

当 $\lambda_1=10$ 时，可以得到单位特征向量 $q_1=\frac{1}{3}\begin{pmatrix}1\\2\\-2\end{pmatrix}$.

当 $\lambda_2=\lambda_3=1$ 时，可以得到线性无关的特征向量 $p_1=\begin{pmatrix}0\\1\\1\end{pmatrix}$，$p_3=\begin{pmatrix}2\\0\\1\end{pmatrix}$. 将 p_2，p_3 正交化得 $a_2=p_2=\begin{pmatrix}0\\1\\1\end{pmatrix}$，$a_3=\frac{1}{2}\begin{pmatrix}4\\-1\\1\end{pmatrix}$，再单位化得 $q_2=\frac{1}{\sqrt{2}}\begin{pmatrix}0\\1\\1\end{pmatrix}$，$q_3=\frac{1}{3\sqrt{2}}\begin{pmatrix}4\\-1\\1\end{pmatrix}$.

令 $Q=(q_1\quad q_2\quad q_3)=\begin{pmatrix}\frac{1}{3}&0&\frac{4}{3\sqrt{2}}\\\frac{2}{3}&\frac{1}{\sqrt{2}}&-\frac{1}{3\sqrt{2}}\\-\frac{2}{3}&\frac{1}{\sqrt{2}}&\frac{1}{3\sqrt{2}}\end{pmatrix}$，则 Q 是正交矩阵，且 $Q^{T}AQ=D=\begin{pmatrix}10&&\\&1&\\&&1\end{pmatrix}$.

习题 5.2

1. 选择题：

(1) 和矩阵 $A=\begin{pmatrix}1&0&0\\0&1&0\\0&0&2\end{pmatrix}$ 相似的矩阵为（　　）.

(A) $\begin{pmatrix}1&0&0\\0&2&0\\0&0&1\end{pmatrix}$；　　(B) $\begin{pmatrix}1&1&0\\0&1&0\\0&0&2\end{pmatrix}$；

(C) $\begin{pmatrix}2&0&0\\0&1&1\\0&0&1\end{pmatrix}$； (D) $\begin{pmatrix}1&0&1\\0&2&0\\0&0&1\end{pmatrix}$.

(2) n 阶矩阵 $\boldsymbol{A}$ 具有 n 个不同的特征值是 $\boldsymbol{A}$ 与对角矩阵相似的(　　).

(A) 充分必要条件；

(B) 充分非必要条件；

(C) 必要非充分条件；

(D) 既非充分又非必要条件.

(3) 设 $\boldsymbol{A}$，$\boldsymbol{B}$ 为 n 阶矩阵，且 $\boldsymbol{A}$ 与 $\boldsymbol{B}$ 相似，则(　　).

(A) $\lambda\boldsymbol{E}-\boldsymbol{A}=\lambda\boldsymbol{E}-\boldsymbol{B}$；

(B) $\boldsymbol{A}$ 与 $\boldsymbol{B}$ 有相同的特征值和特征向量；

(C) $\boldsymbol{A}$ 与 $\boldsymbol{B}$ 都相似于一个对角矩阵；

(D) 对任意常数 t，$t\boldsymbol{E}-\boldsymbol{A}$ 与 $t\boldsymbol{E}-\boldsymbol{B}$ 相似.

(4) 设矩阵 $\boldsymbol{A}=\begin{pmatrix}1&1\\1&1\end{pmatrix}$，$\boldsymbol{Q}$ 为二阶正交矩阵，且 $\boldsymbol{Q}^{\mathrm{T}}\boldsymbol{A}\boldsymbol{Q}=\begin{pmatrix}0&0\\0&2\end{pmatrix}$，则 $\boldsymbol{Q}=$(　　).

(A) $\frac{1}{2}\begin{pmatrix}1&1\\-1&1\end{pmatrix}$； (B) $\frac{1}{\sqrt{2}}\begin{pmatrix}1&1\\-1&1\end{pmatrix}$；

(C) $\frac{1}{\sqrt{2}}\begin{pmatrix}1&-1\\1&1\end{pmatrix}$； (D) $\frac{1}{2}\begin{pmatrix}1&-1\\1&1\end{pmatrix}$.

2. 设 $\boldsymbol{A}=\begin{pmatrix}0&0&1\\1&1&x\\1&0&0\end{pmatrix}$，问 x 为何值时，矩阵 $\boldsymbol{A}$ 能对角化？

5.3 二次型及其标准形

在解析几何中，为了研究二次曲线 $ax^2+bxy+cy^2=1$ 的几何性质，可以选择适当的坐标旋转变换 $\begin{cases}x=x'\cos\theta-y'\sin\theta,\\ y=x'\sin\theta+y'\cos\theta,\end{cases}$ 把方程化为标准形式 $a'x'^2+c'y'^2=1$. 这种方法在许多理论或实际问题中经常用到. 本节将把问题一般化，重点讨论一般的二次齐次多项式的化简问题.

5.3.1 二次型的概念

定义 5.4 含有 n 个变量 $x_1,x_2,\cdots,x_n$ 的二次齐次多项式

$$f(x_1,x_2,\cdots,x_n)=a_{11}x_1^2+a_{22}x_2^2+\cdots+a_{nn}x_n^2+2a_{12}x_1x_2+2a_{13}x_1x_3+\cdots+2a_{n-1,n}x_{n-1}x_n \tag{5.3.1}$$

称为 n 元二次型. 当 a_{ij} 为实数时，f 称为实二次型；当 a_{ij} 为复数时，f 称为复二次型. 下面仅讨论实二次型，例如

$$f(x_1,x_2)=2x_1^2+5x_1x_2+8x_2^2,$$

$$f(x_1,x_2,x_3)=x_1^2+2x_1x_2-4x_1x_3+5x_2^2+3x_2x_3-2x_3^2.$$

在式 (5.3.1) 中，当 $j>i$ 时，取 $a_{ji}=a_{ij}$，则 $2a_{ij}x_ix_j=a_{ij}x_ix_j+a_{ji}x_jx_i$，于是式 (5.3.1) 可写成

$$f=a_{11}x_1^2+a_{12}x_1x_2+\cdots+a_{1n}x_1x_n+a_{21}x_2x_1+a_{22}x_2^2+\cdots+a_{2n}x_2x_n+\cdots+a_{n1}x_nx_1+a_{n2}x_nx_2+\cdots+a_{nn}x_n^2$$

$$=\sum_{i=1}^{n}\sum_{j=1}^{n}a_{ij}x_ix_j=\sum_{i,j=1}^{n}a_{ij}x_ix_j \qquad (5.3.2)$$

利用矩阵乘法，式（5.3.2）可表示为

$$f=(x_1,x_2,\cdots,x_n)\begin{pmatrix}a_{11} & a_{12} & \cdots & a_{1n}\\ a_{21} & a_{22} & \cdots & a_{2n}\\ \vdots & \vdots & & \vdots\\ a_{n1} & a_{n2} & \cdots & a_{nn}\end{pmatrix}\begin{pmatrix}x_1\\ x_2\\ \vdots\\ x_n\end{pmatrix}=\boldsymbol{X}^{\mathrm{T}}\boldsymbol{A}\boldsymbol{X},$$

其中

$$\boldsymbol{A}=\begin{pmatrix}a_{11} & a_{12} & \cdots & a_{1n}\\ a_{21} & a_{22} & \cdots & a_{2n}\\ \vdots & \vdots & & \vdots\\ a_{n1} & a_{n2} & \cdots & a_{nn}\end{pmatrix}\text{为对称阵，}\boldsymbol{X}=\begin{pmatrix}x_1\\ x_2\\ \vdots\\ x_n\end{pmatrix}.$$

$\boldsymbol{A}$ 称为该二次型的矩阵．矩阵 $\boldsymbol{A}$ 的秩称为二次型 f 的秩．显然，二次型 f 与实对称矩阵 $\boldsymbol{A}$ 之间存在一一对应的关系．

例 5.3.1　写出二次型 $f=2x_1^2+5x_2^2+6x_1x_2+2x_1x_3-4x_2x_3+4x_3^2$ 的矩阵形式．

解　根据定义，二次型 $f=2x_1^2+5x_2^2+6x_1x_2+2x_1x_3-4x_2x_3+4x_3^2$ 对应的矩阵为

$$\begin{pmatrix}2 & 3 & 1\\ 3 & 5 & -2\\ 1 & -2 & 4\end{pmatrix},$$

所以二次型的矩阵形式为

$$f=(x_1,x_2,x_3)\begin{pmatrix}2 & 3 & 1\\ 3 & 5 & -2\\ 1 & -2 & 4\end{pmatrix}\begin{pmatrix}x_1\\ x_2\\ x_3\end{pmatrix}.$$

本书的第 1 章介绍了线性变换的定义，根据线性变换的定义可得到如下定义．

定义 5.5　若线性变换 $\boldsymbol{X}=\boldsymbol{C}\boldsymbol{Y}$ 中 $\boldsymbol{C}$ 是可逆矩阵，则称 $\boldsymbol{X}=\boldsymbol{C}\boldsymbol{Y}$ 为可逆（非退化）线性变换．如果 $\boldsymbol{C}$ 是正交矩阵，则称 $\boldsymbol{X}=\boldsymbol{C}\boldsymbol{Y}$ 为正交线性变换．

例 5.3.2　设二次型 $f=2x_1^2+3x_1x_2+2x_2^2$，则经过可逆线性变换 $\begin{cases}x_1=y_1-y_2,\\ x_2=y_1+y_2,\end{cases}$ 得到

$$\begin{aligned}f&=2(y_1-y_2)^2+3(y_1-y_2)(y_1+y_2)+2(y_1+y_2)^2\\&=2y_1^2-4y_1y_2+2y_2^2+3y_1^2-3y_2^2+2y_1^2+4y_1y_2+2y_2^2\\&=7y_1^2+y_2^2.\end{aligned}$$

由此可见，关于 x_1，x_2 的二次型经过可逆线性变换后变成了关于 y_1，y_2 的二次型．因此可以得到下列结论．

定理 5.10 二次型 $f(x_1,x_2,\cdots,x_n)=\boldsymbol{X}^{\mathrm{T}}\boldsymbol{A}\boldsymbol{X}$ 经可逆线性变换 $\boldsymbol{X}=\boldsymbol{C}\boldsymbol{Y}$ 后变为关于文字 $y_1,y_2,\cdots,y_n$ 的二次型 $h(y_1,y_2,\cdots,y_n)=\boldsymbol{Y}^{\mathrm{T}}\boldsymbol{B}\boldsymbol{Y}$，并且

$$f(x_1,x_2,\cdots,x_n)=\boldsymbol{X}^{\mathrm{T}}\boldsymbol{A}\boldsymbol{X}=\boldsymbol{Y}^{\mathrm{T}}\boldsymbol{B}\boldsymbol{Y}=h(y_1,y_2,\cdots,y_n),$$

其中 $\boldsymbol{B}=\boldsymbol{C}^{\mathrm{T}}\boldsymbol{A}\boldsymbol{C}$.

证 由题意有

$$f(x_1,x_2,\cdots,x_n)=\boldsymbol{X}^{\mathrm{T}}\boldsymbol{A}\boldsymbol{X}=(\boldsymbol{C}\boldsymbol{Y})^{\mathrm{T}}\boldsymbol{A}(\boldsymbol{C}\boldsymbol{Y})=\boldsymbol{Y}^{\mathrm{T}}(\boldsymbol{C}^{\mathrm{T}}\boldsymbol{A}\boldsymbol{C})\boldsymbol{Y}=h(y_1,y_2,\cdots,y_n).$$

令 $\boldsymbol{B}=\boldsymbol{C}^{\mathrm{T}}\boldsymbol{A}\boldsymbol{C}$，则 $f(x_1,x_2,\cdots,x_n)=\boldsymbol{X}^{\mathrm{T}}\boldsymbol{A}\boldsymbol{X}=\boldsymbol{Y}^{\mathrm{T}}\boldsymbol{B}\boldsymbol{Y}=h(y_1,y_2,\cdots,y_n)$.

定义 5.6 如果 n 元二次型 $f=\boldsymbol{X}^{\mathrm{T}}\boldsymbol{A}\boldsymbol{X}$ 能通过可逆线性变换 $\boldsymbol{X}=\boldsymbol{C}\boldsymbol{Y}$ 化为二次型 $h=\boldsymbol{Y}^{\mathrm{T}}\boldsymbol{B}\boldsymbol{Y}$，则称这两个二次型是等价的．

因为二次型与对称矩阵之间存在一一对应的关系，所以关于矩阵有下述定义．

定义 5.7 设 $\boldsymbol{A}$，$\boldsymbol{B}$ 为 n 阶方阵，如果存在可逆矩阵 $\boldsymbol{C}$，使得 $\boldsymbol{B}=\boldsymbol{C}^{\mathrm{T}}\boldsymbol{A}\boldsymbol{C}$，则称矩阵 $\boldsymbol{A}$ 与 $\boldsymbol{B}$ 合同．

合同矩阵具有如下性质：

（ⅰ）自反性：对任意方阵 $\boldsymbol{A}$，$\boldsymbol{A}$ 合同于 $\boldsymbol{A}$.

（ⅱ）对称性：如果 $\boldsymbol{A}$ 与 $\boldsymbol{B}$ 合同，则 $\boldsymbol{B}$ 与 $\boldsymbol{A}$ 合同．

（ⅲ）传递性：如果 $\boldsymbol{A}$ 与 $\boldsymbol{B}$ 合同，$\boldsymbol{B}$ 与 $\boldsymbol{C}$ 合同，则 $\boldsymbol{A}$ 与 $\boldsymbol{C}$ 合同．

5.3.2 二次型的标准形

定义 5.8 若二次型 $f=\boldsymbol{X}^{\mathrm{T}}\boldsymbol{A}\boldsymbol{X}$ 经可逆线性变换 $\boldsymbol{X}=\boldsymbol{C}\boldsymbol{Y}$ 化为只含有平方项的二次型

$$f=d_1y_1^2+d_2y_2^2+\cdots+d_ny_n^2, \tag{5.3.3}$$

则称式（5.3.3）为二次型的标准形．

如例 5.3.2，$f=2x_1^2+3x_1x_2+2x_2^2$ 经过可逆线性变换 $\begin{cases}x_1=y_1-y_2,\\x_2=y_1+y_2,\end{cases}$ 得到 $f=7y_1^2+y_2^2$.

不难看出，化二次型为标准形的问题，实际上就是对于对称矩阵 $\boldsymbol{A}$，寻找可逆矩阵 $\boldsymbol{C}$，使得 $\boldsymbol{C}^{\mathrm{T}}\boldsymbol{A}\boldsymbol{C}$ 为对角矩阵的问题．因此，

由定理 5.9 有：

定理 5.11　对于任意二次型 $f=\boldsymbol{X}^{\mathrm{T}}\boldsymbol{A}\boldsymbol{X}$，一定存在正交矩阵 $\boldsymbol{Q}$，使得经过正交线性变换 $\boldsymbol{X}=\boldsymbol{Q}\boldsymbol{Y}$ 后，二次型化为标准形

$$f=\lambda_1 y_1^2+\lambda_2 y_2^2+\cdots+\lambda_n y_n^2,$$

其中 $\lambda_1,\lambda_2,\cdots,\lambda_n$ 是 $\boldsymbol{A}$ 的全部特征值.

例 5.3.3　利用正交线性变换把二次型

$$f=2x_1^2+5x_2^2+5x_3^2+4x_1x_2-4x_1x_3-8x_2x_3$$

化为标准形，并写出所用的正交线性变换.

解　二次型对应的矩阵为

$$\boldsymbol{A}=\begin{pmatrix} 2 & 2 & -2 \\ 2 & 5 & -4 \\ -2 & -4 & 5 \end{pmatrix},$$

由例 5.2.5，有正交矩阵

$$\boldsymbol{Q}=\begin{pmatrix} \frac{1}{3} & 0 & \frac{4}{3\sqrt{2}} \\ \frac{2}{3} & \frac{1}{\sqrt{2}} & -\frac{1}{3\sqrt{2}} \\ -\frac{2}{3} & \frac{1}{\sqrt{2}} & \frac{1}{3\sqrt{2}} \end{pmatrix}$$

使得 $\boldsymbol{Q}^{\mathrm{T}}\boldsymbol{A}\boldsymbol{Q}=\boldsymbol{D}=\begin{pmatrix} 10 & & \\ & 1 & \\ & & 1 \end{pmatrix}$，故有正交变换

$$\begin{pmatrix} x_1 \\ x_2 \\ x_3 \end{pmatrix}=\begin{pmatrix} \frac{1}{3} & 0 & \frac{4}{3\sqrt{2}} \\ \frac{2}{3} & \frac{1}{\sqrt{2}} & -\frac{1}{3\sqrt{2}} \\ -\frac{2}{3} & \frac{1}{\sqrt{2}} & \frac{1}{3\sqrt{2}} \end{pmatrix}\begin{pmatrix} y_1 \\ y_2 \\ y_3 \end{pmatrix},$$

把二次型化成标准形

$$f=10y_1^2+y_2^2+y_3^2.$$

下面介绍利用配方法化二次型为标准形.

例 5.3.4　利用配方法化二次型 $f(x_1,x_2,x_3)=x_1^2+2x_1x_2+2x_2^2-4x_2x_3+x_3^2$ 为标准形，并写出所用的可逆线性变换.

解　二次型中含有 x_1^2，把含 x_1 的各项放在一起，并对 x_1 进行配方，

$$
\begin{aligned}
f &= (x_1^2+2x_1x_2)+2x_2^2-4x_2x_3+x_3^2 \\
&= (x_1^2+2x_1x_2+x_2^2)+x_2^2-4x_2x_3+x_3^2 \\
&= (x_1+x_2)^2+x_2^2-4x_2x_3+x_3^2.
\end{aligned}
$$

剩余项中含有 x_2^2，把含 x_2 的各项放在一起，并对 x_2 进行配方，

$$
\begin{aligned}
f &= (x_1+x_2)^2+x_2^2-4x_2x_3+x_3^2 \\
&= (x_1+x_2)^2+(x_2^2-4x_2x_3)+x_3^2 \\
&= (x_1+x_2)^2+(x_2^2-4x_2x_3+4x_3^2)-3x_3^2 \\
&= (x_1+x_2)^2+(x_2-2x_3)^2-3x_3^2.
\end{aligned}
$$

令

$$
\begin{cases}
y_1 = x_1+x_2, \\
y_2 = \qquad x_2-2x_3, \\
y_3 = \qquad\qquad x_3,
\end{cases}
$$

即

$$
\begin{cases}
x_1 = y_1-y_2-2y_3, \\
x_2 = \qquad y_2+2y_3, \\
x_3 = \qquad\qquad y_3,
\end{cases}
$$

则经过该可逆线性变换，二次型化为标准形 $f=y_1^2+y_2^2-3y_3^2$.

习题 5.3

1. 填空题：

(1) 矩阵 $\boldsymbol{A}=\begin{pmatrix} 1 & -1 & 2 \\ -1 & 1 & 1 \\ 2 & 1 & 2 \end{pmatrix}$ 所对应的二次型为________.

(2) 二次型 $f(x_1,x_2,x_3)=(x_1+x_2)^2$ 的矩阵为________.

2. 化二次型 $f(x_1,x_2,x_3,x_4)=2x_1x_2-2x_3x_4$ 为标准形.

5.4 二次型的规范形及正定二次型

5.4.1 二次型的规范形

一般地，选择不同的可逆线性变换把二次型化为标准形，其对应的标准形也会不同，即二次型的标准形不唯一.

例如，二次型 $f(x_1,x_2,x_3)=x_1^2+2x_1x_2+2x_2^2-4x_2x_3+x_3^2$ 经过可逆线性变换

$$
\begin{cases}
x_1 = y_1-y_2-2y_3, \\
x_2 = \qquad y_2+2y_3, \\
x_3 = \qquad\qquad y_3,
\end{cases}
$$

化成标准形

$$f=y_1^2+y_2^2-3y_3^2.$$

而经过可逆线性变换

$$\begin{cases} x_1=2y_1-y_2-\dfrac{2}{\sqrt{3}}y_3, \\ x_2=\qquad\quad y_2+\dfrac{2}{\sqrt{3}}y_3, \\ x_3=\qquad\qquad\quad \dfrac{1}{\sqrt{3}}y_3, \end{cases}$$

二次型化成标准形

$$f=4y_1^2+y_2^2-y_3^2.$$

那么，同一个二次型的标准形有什么共同之处呢？观察上面的例子发现，这两个标准形中所含有的正负平方项的个数是对应相等的．

定义 5.9　如果二次型 $f=\boldsymbol{X}^{\mathrm{T}}\boldsymbol{A}\boldsymbol{X}$ 经可逆线性变换化为

$$f=y_1^2+y_2^2+\cdots+y_p^2-y_{p+1}^2-\cdots-y_r^2, \tag{5.4.1}$$

则称式（5.4.1）为二次型的规范形，其中 r 为二次型的秩．

定理 5.12　（惯性定理）任意二次型 $f=\boldsymbol{X}^{\mathrm{T}}\boldsymbol{A}\boldsymbol{X}$ 都可以经可逆线性变换化为规范形 $f=y_1^2+y_2^2+\cdots+y_p^2-y_{p+1}^2-\cdots-y_r^2$，且规范形是唯一的．

一般地，称二次型规范形中系数为 1 的平方项的个数 p 为二次型的正惯性指数；称系数为 -1 的平方项的个数 $r-p$ 为二次型的负惯性指数；称正惯性指数与负惯性指数的差 $p-(r-p)=2p-r$ 为二次型的符号差．

定理 5.13　任意 n 阶对称矩阵 $\boldsymbol{A}$ 都合同于对角矩阵

$$\begin{pmatrix} \boldsymbol{E}_p & & \\ & -\boldsymbol{E}_{r-p} & \\ & & \boldsymbol{O} \end{pmatrix},$$

其中 $r=r(\boldsymbol{A})$，p 是 $\boldsymbol{A}$ 对应的二次型 $\boldsymbol{X}^{\mathrm{T}}\boldsymbol{A}\boldsymbol{X}$ 的正惯性指数．

例 5.4.1　写出二次型 $f=x_1^2+2x_1x_2+2x_2^2-4x_2x_3+x_3^2$ 的规范形，并给出所作的可逆线性变换．

解　由例 5.3.4 可知，二次型经可逆线性变换

$$\begin{cases} x_1 = y_1 - y_2 - 2y_3, \\ x_2 = \qquad y_2 + 2y_3, \\ x_3 = \qquad\qquad y_3, \end{cases}$$

可化为标准形

$$f = y_1^2 + y_2^2 - 3y_3^2.$$

记 $\boldsymbol{X}=\boldsymbol{C}_1\boldsymbol{Y}$，其中 $\boldsymbol{C}_1=\begin{pmatrix} 1 & -1 & -2 \\ 0 & 1 & 2 \\ 0 & 0 & 1 \end{pmatrix}$. 令

$$\begin{cases} y_1 = z_1, \\ y_2 = \quad z_2, \\ y_3 = \qquad \dfrac{1}{\sqrt{3}} z_3, \end{cases}$$

则二次型可化为规范形

$$f = z_1^2 + z_2^2 - z_3^2.$$

记 $\boldsymbol{Y}=\boldsymbol{C}_2\boldsymbol{Z}$，其中 $\boldsymbol{C}_2=\begin{pmatrix} 1 & 0 & 0 \\ 0 & 1 & 0 \\ 0 & 0 & \dfrac{1}{\sqrt{3}} \end{pmatrix}$，则从变量 x_1，x_2，x_3 到变量 z_1，z_2，z_3 的线性变换为

$$\boldsymbol{X}=\boldsymbol{C}_1\boldsymbol{Y}=\boldsymbol{C}_1(\boldsymbol{C}_2\boldsymbol{Z})=(\boldsymbol{C}_1\boldsymbol{C}_2)\boldsymbol{Z}=\boldsymbol{C}\boldsymbol{Z},$$

其中

$$\boldsymbol{C}=\boldsymbol{C}_1\boldsymbol{C}_2=\begin{pmatrix} 1 & -1 & -2 \\ 0 & 1 & 2 \\ 0 & 0 & 1 \end{pmatrix}\begin{pmatrix} 1 & 0 & 0 \\ 0 & 1 & 0 \\ 0 & 0 & \dfrac{1}{\sqrt{3}} \end{pmatrix}=\begin{pmatrix} 1 & -1 & -\dfrac{2}{\sqrt{3}} \\ 0 & 1 & \dfrac{2}{\sqrt{3}} \\ 0 & 0 & \dfrac{1}{\sqrt{3}} \end{pmatrix}.$$

从而把二次型化为规范形所作的可逆线性变换为

$$\begin{cases} x_1 = z_1 - z_2 - \dfrac{2}{\sqrt{3}} z_3, \\ x_2 = \qquad z_2 + \dfrac{2}{\sqrt{3}} z_3, \\ x_3 = \qquad\qquad \dfrac{1}{\sqrt{3}} z_3. \end{cases}$$

5.4.2 正定二次型

定义 5.10　若 n 元二次型 $f=\boldsymbol{X}^{\mathrm{T}}\boldsymbol{A}\boldsymbol{X}$ 满足对于任意 n 个不全为零的实数 $c_1,c_2,\cdots,c_n$，有 $f(c_1,c_2,\cdots,c_n)>0$（即对于任意 n 维非零实列向量 $\boldsymbol{X}$，有 $\boldsymbol{X}^{\mathrm{T}}\boldsymbol{A}\boldsymbol{X}>0$），则称该二次型为正定二次型，称该二次型的矩阵 $\boldsymbol{A}$ 为正定矩阵．

例如，二次型 $f(x_1,x_2,x_3)=2x_1^2+4x_2^2+3x_3^2$ 是正定二次型，而 $f(x_1,x_2,x_3)=2x_1^2+3x_2^2-4x_3^2$ 和 $f(x_1,x_2,x_3)=2x_1^2+x_2^2$ 都不是正定二次型．

下面介绍正定二次型的判定方法．

定理 5.14　n 元二次型 $f=\boldsymbol{X}^{\mathrm{T}}\boldsymbol{A}\boldsymbol{X}$ 是正定二次型的充分必要条件是它的正惯性指数为 n.

定理 5.15　n 元二次型 $f=\boldsymbol{X}^{\mathrm{T}}\boldsymbol{A}\boldsymbol{X}$ 是正定二次型的充分必要条件是它的规范形为

$$f=y_1^2+y_2^2+\cdots+y_n^2,$$

或者它的标准形为

$$f=d_1y_1^2+d_2y_2^2+\cdots+d_ny_n^2,$$

其中 d_1，d_2，$\cdots$，d_n 都是正数．

推论 5.2　n 阶对称矩阵 $\boldsymbol{A}$ 正定的充分必要条件是 $\boldsymbol{A}$ 的全部特征值都是正数．

定理 5.16　设 $\boldsymbol{A}, \boldsymbol{B}$ 是 n 阶正定矩阵，k 是正数，则 $\boldsymbol{A}+\boldsymbol{B}$，$k\boldsymbol{A}$ 也是正定矩阵．

定义 5.11　称 n 阶矩阵 $\boldsymbol{A}=(a_{ij})$ 的 k 阶子式

$$P_k=\begin{vmatrix} a_{11} & a_{12} & \cdots & a_{1k} \\ a_{21} & a_{22} & \cdots & a_{2k} \\ \vdots & \vdots & & \vdots \\ a_{k1} & a_{k2} & \cdots & a_{kk} \end{vmatrix}\ (k=1,2,\cdots,n)$$

为 $\boldsymbol{A}$ 的 k 阶顺序主子式．

例如 $A=\begin{pmatrix}1&4&7\\2&5&8\\3&6&9\end{pmatrix}$，则 $P_1=|1|=1$，$P_2=\begin{vmatrix}1&4\\2&5\end{vmatrix}=-3$，

$$P_3=\begin{vmatrix}1&4&7\\2&5&8\\3&6&9\end{vmatrix}=|A|=0.$$

定理 5.17 对称矩阵 $\boldsymbol{A}$ 正定的充分必要条件是 $\boldsymbol{A}$ 的全部顺序主子式都大于零.

例 5.4.2 判定二次型

$$f(x_1,x_2,x_3)=3x_1^2+x_2^2+2x_1x_2+4x_2x_3+2x_3^2$$

的正定性.

解 二次型对应的矩阵为 $\boldsymbol{A}=\begin{pmatrix}3&1&0\\1&1&2\\0&2&2\end{pmatrix}$. $\boldsymbol{A}$ 的各阶顺序主子式为

$$P_1=|3|=3>0,\quad P_2=\begin{vmatrix}3&1\\1&1\end{vmatrix}=2>0,\quad P_3=\begin{vmatrix}3&1&0\\1&1&2\\0&2&2\end{vmatrix}=|\boldsymbol{A}|=-8<0.$$

根据定理 5.17 可知 $\boldsymbol{A}$ 不是正定的，从而二次型不是正定的.

习题 5.4

1. 填空题：

(1) 二次型 $f(x_1,x_2,x_3)=(x_1+x_2)^2+(x_2-x_3)^2+(x_3+x_1)^2$ 的秩为________.

(2) 二次型 $f(x_1,x_2,x_3,x_4)$ 的秩为 3，负惯性指数为 1，则 $f(x_1,x_2,x_3,x_4)$ 的规范形为________.

(3) 二次型 $f(x_1,x_2,x_3)=2x_1^2+x_2^2+2x_1x_2+tx_2x_3+x_3^2$ 是正定的，则 t 的取值范围为________.

2. 选择题：

(1) 设 $\boldsymbol{A}$ 为正定矩阵，则下列矩阵不一定是正定矩阵的是(　　).

(A) $\boldsymbol{A}^{\mathrm{T}}$；　(B) $\boldsymbol{A}+\boldsymbol{E}$；

(C) $\boldsymbol{A}^{-1}$；　(D) $\boldsymbol{A}-3\boldsymbol{E}$.

(2) 下列矩阵正定的是(　　).

(A) $\begin{pmatrix}1&1&3\\1&0&1\\3&1&2\end{pmatrix}$；　(B) $\begin{pmatrix}1&2&0\\2&2&0\\0&0&4\end{pmatrix}$；

(C) $\begin{pmatrix}1&-2&0\\-2&4&5\\0&5&-2\end{pmatrix}$；　(D) $\begin{pmatrix}2&0&0\\0&1&2\\0&2&5\end{pmatrix}$.

总习题五

1. 求下列矩阵的特征值和特征向量：

(1) $\begin{pmatrix} 1 & 2 & 3 \\ 2 & 1 & 3 \\ 3 & 3 & 6 \end{pmatrix}$；　(2) $\begin{pmatrix} -1 & 1 & 0 \\ -4 & 3 & 0 \\ 1 & 0 & 2 \end{pmatrix}$；

(3) $\begin{pmatrix} 2 & -1 & 2 \\ 5 & -3 & 3 \\ -1 & 0 & -2 \end{pmatrix}$；　(4) $\begin{pmatrix} 1 & -3 & 3 \\ 3 & -5 & 3 \\ 6 & -6 & 4 \end{pmatrix}$.

2. 设 3 阶方阵 $\boldsymbol{A}$ 的特征值为 1，−1，2，求下列矩阵的特征值．

$$\boldsymbol{A}^{\mathrm{T}};\boldsymbol{A}^{-1};f(\boldsymbol{A})=2\boldsymbol{A}^2-3\boldsymbol{A}-\boldsymbol{E}.$$

3. 已知矩阵 $\begin{pmatrix} a & -2 & 0 \\ b & 1 & -2 \\ c & -2 & 0 \end{pmatrix}$ 的特征值为 4，1，−2，求 a，b，c 的值．

4. 设 $\boldsymbol{A}=\begin{pmatrix} 1 & 4 & 2 \\ 0 & -3 & 4 \\ 0 & 4 & 3 \end{pmatrix}$，求 $\boldsymbol{A}^n$（n 为偶数）．

5. 判断下列矩阵是否为正交矩阵：

(1) $\begin{pmatrix} \frac{1}{\sqrt{2}} & \frac{1}{\sqrt{6}} & \frac{1}{\sqrt{3}} \\ -\frac{1}{\sqrt{2}} & \frac{1}{\sqrt{6}} & \frac{1}{\sqrt{3}} \\ 0 & -\frac{2}{\sqrt{6}} & \frac{1}{\sqrt{3}} \end{pmatrix}$；

(2) $\begin{pmatrix} 1 & 0 & \frac{1}{3} \\ 0 & 1 & 0 \\ \frac{1}{3} & 0 & -1 \end{pmatrix}$.

6. 求可逆矩阵 $\boldsymbol{P}$ 使得 $\boldsymbol{P}^{-1}\boldsymbol{AP}=\boldsymbol{D}$ 为对角矩阵，并写出 $\boldsymbol{D}$.

(1) $\boldsymbol{A}=\begin{pmatrix} -4 & -10 & 0 \\ 1 & 3 & 0 \\ 3 & 6 & 1 \end{pmatrix}$；

(2) $\boldsymbol{A}=\begin{pmatrix} 2 & -2 & 0 \\ -2 & 1 & -2 \\ 0 & -2 & 3 \end{pmatrix}$.

7. 设 3 阶方阵 $\boldsymbol{A}$ 的特征值为 1，−1，0，对应的特征向量依次为

$$\boldsymbol{p}_1=\begin{pmatrix} 1 \\ 0 \\ -1 \end{pmatrix},\boldsymbol{p}_2=\begin{pmatrix} 0 \\ 3 \\ 2 \end{pmatrix},\boldsymbol{p}_3=\begin{pmatrix} -2 \\ -1 \\ 1 \end{pmatrix},$$

求矩阵 $\boldsymbol{A}$.

8. 写出下列二次型的矩阵表示式．

(1) $f=x_1^2-2x_2^2+x_3^2+2x_1x_2+2x_1x_3+2x_2x_3$；

(2) $f=x_1^2-2x_2^2+3x_3^2+4x_1x_2-6x_2x_3$.

9. 用配方法将下列二次型化成标准形，并写出所用的可逆线性变换．

(1) $f=x_1^2+2x_2^2+4x_3^2+2x_1x_2+4x_2x_3$；

(2) $f=x_1x_2+x_1x_3+x_2x_3$.

10. 用正交变换法化二次型为标准形，并写出所用的正交线性变换．

(1) $f=x_1^2+x_2^2+x_3^2+2x_1x_2+2x_1x_3+2x_2x_3$；

(2) $f=8x_1^2-7x_2^2+8x_3^2+8x_1x_2-2x_1x_3+8x_2x_3$.

11. 判断下列矩阵是否是正定矩阵：

(1) $\begin{pmatrix} 2 & -1 & 0 \\ -1 & 2 & -1 \\ 0 & -1 & 2 \end{pmatrix}$；

(2) $\begin{pmatrix} 2 & -1 & -1 \\ -1 & 2 & -1 \\ -1 & -1 & 2 \end{pmatrix}$；

(3) $\begin{pmatrix} 1 & 1 & 1 & 1 \\ 1 & 2 & 2 & 2 \\ 1 & 2 & 3 & 3 \\ 1 & 2 & 3 & 4 \end{pmatrix}$.

参考文献

[1] 王兆飞，张贺，何志芳．线性代数［M］．西安：西安电子科技大学出版社，2014.
[2] 上海交通大学数学系．线性代数［M］．上海：上海交通大学出版社，2014.
[3] 苏晓明，宋桂荣，卢建伟．线性代数［M］．北京：高等教育出版社，2015.
[4] 王定江．线性代数［M］．北京：科学出版社，2015.
[5] 王洪珂，邬毅．线性代数［M］．北京：科学出版社，2016.
[6] 易伟明，王平平，杨淑玲．线性代数［M］．北京：科学出版社，2007.
[7] 苏晓明，宋桂荣，卢建伟．线性代数［M］．北京：高等教育出版社，2015.
[8] 陈建龙，周建华，张小向，等．线性代数［M］．北京：科学出版社，2016.